U0193327

人体骨骼肌劳损
阿是穴治疗与预防

卢鼎厚◎著

人民卫生出版社
·北京·

图书在版编目（CIP）数据

人体骨骼肌劳损阿是穴治疗与预防/卢鼎厚著. —
北京：人民卫生出版社，2020.12（2021.8重印）
ISBN 978-7-117-30883-0

Ⅰ．①人… Ⅱ．①卢… Ⅲ．①人体–骨骼–劳损–穴
位疗法 Ⅳ．①Q983

中国版本图书馆CIP数据核字（2020）第223863号

人卫智网	www.ipmph.com	医学教育、学术、考试、健康，
		购书智慧智能综合服务平台
人卫官网	www.pmph.com	人卫官方资讯发布平台

人体骨骼肌劳损阿是穴治疗与预防

Renti Gugeji Laosun Ashixue Zhiliao yu Yufang

著　　者：卢鼎厚
出版发行：人民卫生出版社（中继线 010-59780011）
地　　址：北京市朝阳区潘家园南里 19 号
邮　　编：100021
E - mail：pmph @ pmph.com
购书热线：010-59787592　010-59787584　010-65264830
印　　刷：北京顶佳世纪印刷有限公司
经　　销：新华书店
开　　本：710×1000　1/16　印张：9
字　　数：166 千字
版　　次：2020 年 12 月第 1 版
印　　次：2021 年 8 月第 2 次印刷
标准书号：ISBN 978-7-117-30883-0
定　　价：99.00 元

打击盗版举报电话：010-59787491　E-mail：WQ @ pmph.com
质量问题联系电话：010-59787234　E-mail：zhiliang @ pmph.com

作者简介

卢鼎厚，1927 年生于北京。

1946—1948 年，北平中国大学生物系三年级肄业。

1949 年 9 月，转入上海圣约翰大学医学院二年级学习至四年级肄业。

1951 年 5 月被选为中华全国篮球选手；1952 年被选为中国男子篮球队队员参加在芬兰赫尔辛基举行的第十五届奥林匹克运动会；1953 年 10 月至 1954 年 10 月任国家女子篮球队助理教练。

1957 年北京体育学院研究生部运动生理学研究生毕业后任北京体育学院运动生理教研室助教、讲师；1979 年评为副教授；1986 年 8 月晋升为教授，系博士导师组成员。1993 年 8 月退休。

卢鼎厚先生是中国体育科学学会运动医学会、运动生物力学会会员，中国生理学会、中国针灸学会、中华医学会疼痛学会、清华大学老科学技术工作者协会会员。

1973 年以来致力于骨骼肌劳损的机制以及阿是穴斜刺治疗骨骼肌劳损的治疗作用机制和预防的研究。发表《针刺和静力牵张对大负荷运动后骨骼肌收缩结构变化影响的免疫电镜研究》《骨骼肌损伤的

病因和治疗　—斜刺对骨骼肌损伤治疗作用的临床和实验研究》等论文，引发学界高度关注。由于为发展我国高等教育事业作出突出贡献，1992 年 10 月获国务院授予的政府特殊津贴。1993 年获国家体委体育科学技术进步奖一等奖。2010 年获得中国体育科学学会运动生理与生物化学分会授予的开拓贡献奖。曾出版著作《骨骼肌损伤的病因和治疗》《肌肉损伤和颈肩腰臀腿痛》。

序

　　卢鼎厚教授是我敬仰的一位老师。他所倡导的"骨骼肌损伤的阿是穴斜刺"在上世纪 70 年代就已经成型，在我国针灸领域里独树一帜。由于卢老成名甚早，声望极高，我一直以为他不再带学生了，无缘追随学习，甚为遗憾。2014 年，我偶然听说卢老教授在北京某地讲半天课，急忙前去接洽，想看是否还有机会讨教学习。没有想到 87 岁的卢鼎厚教授身体健康，精神抖擞，声如洪钟，得知我们学习的心愿，自愿前来解放军总医院针灸科传授宝贵经验。就这样，在将近一年的时间里，卢教授在我们科讲授了近 10 场学术讲座，将人体骨骼肌损伤从头到脚为我们详细讲解了一遍。我知道这是我们的幸运，因为卢老方法尽管自成体系，疗效立竿见影，但是由于条件所限，他在其他场合并没有完整地把所有肌肉讲完。这些讲座使我们的临床疗效得到了巨大提升，也为日后"结构针灸"的构建奠定了基础。而且，卢老在传授知识的同时，他的为人品质、科学精神也给我们巨大的震撼和感召。

　　起初让我震惊的是，卢老在上个世纪 80 年代就已经完成了针刺治疗骨骼肌损伤的免疫组化研究，证实针刺可以促进损伤肌肉的蛋白重组，蛋白修复的时间是 10 ~ 24 小时。这个实验完美地回答了针刺治疗骨骼肌损伤的作用机制等一系列问题。更令我震撼的是，这个实验是他和他的学生在自己身上完成的。他们通过反复蹲起造成股四头肌劳损后，在自己的腿上取组织做活检。这些实验已成经典，至今我们无法超越。卢老讲课时始终强调，一定要多问几个为什么？是什么？正是这种执着的求证，使得针刺治疗骨骼肌损伤的机制研究跨出了一大步，为针灸乃至现代医学做出了贡献。

　　当今社会，很多人追求青史留名。卢老在实践中发现了"斜刺肌肉硬结"的方法，把它命名为"阿是穴斜刺法"，很多人问他为什么不叫"卢氏针法"，卢老大卢说，"这是《黄帝内经》中已有的！"而我们知道，《黄帝内经》中的阿是穴理论并不完整，是卢老给它赋予了新的生命。但是卢老师不贪功，不求名，卢老早年曾先后在北平中国大学生物系和上海圣约翰大学医学院学习，他不是中医，却时刻不忘华夏的医学传承。卢老还设计了一种新的针具，比普通的毫针粗而略钝，用于松解骨骼肌的硬结非常好用，但也没有给它命名为"卢氏针灸针"，至今我们私下只能叫它"卢老用的那种针"。

卢鼎厚教授，正像他的名字一样，为人刚正，学识厚重。他给予后学者的总是孜孜不倦的教诲、无私无偿的奉献。他讲了很多的免费公益课，允许大家录像，幻灯片也赠送给大家。他经常说，我的知识都是跟其他老师学来的，他们没有收我的钱，我也不收大家的钱。卢教授现在已经是 93 岁高龄了，这本书是他在 90 岁以后动笔写的，三年间又经历了多次的校对和调整，可谓呕心沥血。在他的精神感召下，我的学生们义务整理了卢老师在我们科讲课的录像片段作为本书的补充，他们是张梦雪、杨靖、舒曼、郝蓬亮、张海湃、李呈新、周垚、张璟、王莉莉等。其中，张梦雪还花了大量的时间和精力协助卢鼎厚教授整理文字和图片。人民卫生出版社为本书的出版也给予了最有力的帮助。

我相信，这本书不仅仅是知识的传递，更是精神的传承。

愿华夏针灸生生不息，卢老大作惠泽后人。

关玲
2020 年 9 月于解放军总医院

前　言

　　从 1973 年开始，我开始特别关注在运动员训练中多发常见的肌肉损伤。当时在赵继祖医师的指导下，从学习治疗肌肉损伤的方法入手，用"针刺麻醉－镇痛"没有获得理想的疗效。赵老师听说，山西一位老中医用"阿是穴斜刺温针"治疗肌肉损伤的疗效很好，我在老师的指导下，学习了这位老中医的经验和《灵枢》部分的有关内容，在自己的大腿上练习阿是穴斜刺的针法直到可以准确刺中阿是穴。在开始使用这一疗法为患者治疗的过程中体会到对治疗肌肉损伤确实疗效显著。但在为第三位腰痛患者治疗时，他在第 4 ～ 5 腰椎右侧旁开两指只有一个痛点，原想试用电针代替温针，但在第一针刺中痛点后患者立刻反映"不疼了"；再触诊时发现：条索已经变软、压痛消失；下床起立行走和腰部活动都已恢复正常，这一经历使我认识到："只用阿是穴斜刺，不用附加温针或电针就可以得到同样的疗效。"

　　此后我和张志廉又经过了 6 年多不附加任何手法和燔针（火针）、温针、电针等附加条件的"阿是穴斜刺"治疗慢性和急性肌肉损伤，都取得了显著疗效，促使我们想到：为什么阿是穴斜刺针法治疗骨骼肌劳损有这样好的疗效？它是怎样起作用的？这些问题只有通过对骨骼肌劳损的机制和阿是穴斜刺治疗骨骼肌劳损作用机制的实验研究才可能得到答案。

　　我们通过段昌平关于"针刺和静力牵张对延迟性酸痛过程中骨骼肌超微结构的影响"的实验研究结果，得到了阿是穴斜刺和静力牵张促进了大负荷肌肉活动后骨骼肌收缩结构恢复的实验证据，同时看到了许多从未见过的显著超过习惯负荷的肌肉活动后骨骼肌肌原纤维结构异常改变的图像，既不知道它们是什么，更不知道为什么会出现这些改变！在我们陷入求助无门的困境之中的时候，有幸得到中国医学科学院基础医学研究所病理学教授蔡良婉老师的指点。蔡老师告诉我："这个问题，你只有到上海生物化学研究所去找曹天钦老师，他是专门研究骨骼肌蛋白质的，只有曹老师能够解答你的问题。"蔡老师还为我写了介绍信。我拿着蔡老师和学校的介绍信及段昌平的实验研究结果赶到上海，在生物化学研究所见到了曹天钦老师；曹老师看了蔡老师和学校的介绍信，详细地了解了我们的工作和段昌平的研究结果以后对我说："骨骼肌的收缩结构是由收缩蛋白组成的，收缩结构的改变必然是收缩蛋白结构改变的结果。""要证实收缩结构的改变是收缩蛋白结构改变的结果，仅仅进行收缩结构的电镜观察是不够的，必须进行免疫电镜的实验研究才能证实收缩蛋白的结构改变和收缩结构改变的关系。"接下来又告诉我为什么必须把免疫学的方法和电子显微镜观察结合才能完成我们的研究任务和怎样进行免疫学的工作……曹老师还叮嘱他的学生帮助我找有关的参考资料，之后结束了和老师的第一次见面，时间竟是从上午 10 点钟到下午 1 点半，一共三个半小时！后来才知道，老师下午两点钟还要开会，老师还没吃午饭哪！

在曹天钦老师的指导以及北京、上海 20 多家单位的支持帮助下，我们从提取和纯化骨骼肌收缩蛋白和进行抗体制备入手，通过对人体在大负荷斜蹲后股外侧肌活检的免疫电镜实验，研究结果证实了曹老师的论断，为进一步认识肌肉劳损的机制和病因、阿是穴斜刺治疗肌肉劳损的作用机制以及肌肉劳损的预防、体育锻炼对于人体结构和功能影响的机制和探索人体肌肉活动规律铺平了道路。经过多年的临床治疗实践，和对骨骼肌劳损的机制以及阿是穴斜刺治疗肌肉劳损机制的实验研究的过程中，逐步把"'以痛为腧'的阿是穴针刺"发展为"以劳损肌束的最硬点为主、疼痛为辅的阿是穴斜刺"，治疗慢性和急性骨骼肌损伤取得了显著疗效。

与此同时，我们还学习和应用了罗有名老中医的"指针法"以及静力牵张伸展练习，在细慢深长的腹式呼吸的呼气阶段同时用意念控制骨骼肌放松的放松功练习等等疗法，在促进肌肉的结构和功能恢复方面都获得了较好的疗效。

1996 年 9 月在南怀瑾老师的鼓励和支持下，经过两年的努力，完成了《肌肉损伤和颈肩腰臀腿痛》书稿，并得到全如诚老同学的帮助译成英文。由于姑苏针灸器械有限公司董事长李维弘先生热情支持和帮助，中、英文两种版本于2000年在美国同时出版，本书的出版对于阿是穴斜刺治疗肌肉损伤理论的推广应用和实践起了一定的推动作用。但在写书和以后十几年的推广应用过程中，我才逐渐认识到，在确定前书书名的时候不仅没有准确地表达我们的工作内容是"骨骼肌劳损"而不是所有的"肌肉损伤"，对症状只提到了"痛"而没有反映由于"骨骼肌劳损"引起的骨骼肌收缩结构改变——这种改变可以使人体维持正常姿势和完成各种动作活动出现程度不同的困难，并且对"骨骼肌劳损"预防的关键——正确进行体育锻炼的认识不够等。

在此后十几年工作的过程中逐渐认识到"生命在于运动"，人的一生是在不断改变身体姿势和重复各种肌肉活动的过程中度过的；人在日常生活、学习工作、体育锻炼中的一切活动最终都是通过骨骼肌的活动完成。我通过多年的学习联想到：从人体一生的生长发育过程可以看到，年龄的增长、社会生活的变化，都会使人体骨骼肌活动的内容发生明显变化。在不同的年龄阶段，由于生活、工作的不同，肌肉活动会出现明显的差异；骨骼肌接受神经和体液系统调节，与人体各个器官系统相互联系、相互影响，保证着人体骨骼肌和其他器官系统的协调活动。

在2006年出版的Frederic H.Martini的著作 *Fundamentals of Anatomy & Physiology* 第7版第373页，图11-24展示了肌肉系统和其他系统的机能之间的相互联系，作者把人体骨骼肌系统的透视图放在中心，把神经、内分泌、心脏血管、呼吸、消化等所有控制和保证骨骼肌活动的结构和机能系统都放在两边，用双向的箭头和简要的说明提示人体各器官系统和骨骼肌活动之间有双向的机能联系。我阅读以后受到启发，联想到：①人是在一定的自然环境和社会发展变化的条件下生活、工作的，人体在生活、工作中的骨骼肌活动会受到自然环境、生产劳动、科学技术、医疗卫生、饮食营养和体育锻炼等各方面的影响而改变；②由于生活和工作中骨骼肌的活动减少会引起结构萎缩、功能下降，必须进行超过已经适应的活动负荷的肌肉活动才能促进骨骼肌和身体各器官系统的结构和功能增强、提高；③但在超过习惯承受能力的肌肉活动后，在还没有完全恢复的状态下过度地重复超负荷活动，则可能不仅导致骨骼肌劳损和其他器官系统结构和功能下降，从而损害健康，甚至危及生命。然后由此过渡到对体育与健康、骨骼肌劳损的预防和对人体骨骼肌活动规律的探索。

综合以上的认识，我把本书的重点确定为"人体骨骼肌劳损的治疗和预防"，这是一个亟须引起医学、体育、教育等社会各界关注和解决的问题！

卢鼎厚

2020 年 2 月 18 日

获取图书配套增值内容步骤说明

第一步

扫描封底圆形二维码或打开
增值服务激活平台
（jh.ipmph.com）
注册并登录

第二步

刮开并输入激活码
激活图书增值服务

第三步

下载"人卫图书增值"
客户端或打开网站

第四步

登录客户端
使用"扫一扫"
扫描书内二维码
即可直接浏览相应资源

客服热线： 4006-300-567
（服务时间8：00—21：30）

目　录

第一章　关注人体骨骼肌劳损 1

第二章　人体骨骼肌劳损的机制和病因 7
  第一节　人体骨骼肌的结构功能简述　　　　　　　　　7
  第二节　超过习惯负荷的肌肉活动后骨骼肌收缩结构改变的特征　11
    一、超过习惯负荷的肌肉活动后收缩结构改变的延迟性　12
    二、超过习惯负荷的肌肉活动后收缩结构改变范围的局灶性　12
    三、改变程度的多样性　　　　　　　　　　　　　13
    四、延迟性收缩结构改变的一过性　　　　　　　　14
  第三节　骨骼肌收缩结构改变的机制　　　　　　　　　15
  第四节　人体骨骼肌劳损的机制　　　　　　　　　　　20

第三章　人体骨骼肌劳损的诊断 22
  第一节　人体骨骼肌劳损的诊断　　　　　　　　　　　22
  第二节　如何进行肌肉工作分析　　　　　　　　　　　27

第四章　人体骨骼肌劳损的治疗方法 30
  第一节　阿是穴斜刺针法　　　　　　　　　　　　　　30
    一、阿是穴斜刺针法的源起和发展　　　　　　　　30
    二、阿是穴斜刺对针具消毒的要求　　　　　　　　32
    三、阿是穴斜刺的针法　　　　　　　　　　　　　32
    四、阿是穴斜刺治疗骨骼肌劳损的疗效　　　　　　47
    五、斜刺阿是穴对骨骼肌损伤的治疗作用的突出优点　47
    六、阿是穴斜刺治疗骨骼肌劳损的作用机制　　　　52
  第二节　静力牵张法、指针法、放松功法简介　　　　　57

一、静力牵张法 57

二、指针治疗肌肉劳损的方法简介 59

三、放松功法 62

第五章　人体各部骨骼肌劳损的诊断和治疗 66

第一节　颈部肌肉劳损的诊断和治疗 66

一、头部转动困难的诊断和治疗 66

二、低头和仰头困难的诊断和指针法治疗 68

第二节　肩部和上肢骨骼肌劳损的诊断和治疗 70

一、臂前平举、上举困难的诊断和治疗 71

视频 1　肱肌刺法演示 71

视频 2　肱二头肌刺法演示 71

视频 3　三角肌刺法演示 73

二、上臂旋内 - 后伸 - 屈肘以手触背困难的诊断治疗 75

视频 4　冈下肌、小圆肌刺法演示 75

三、斜方肌上部肌束劳损导致肩疼的诊断治疗 76

视频 5　斜方肌刺法演示 76

第三节　腰背部骨骼肌劳损的诊断和治疗 78

一、腰最长肌劳损的诊断和治疗 83

视频 6　竖脊肌刺法演示（1） 83

视频 7　竖脊肌刺法演示（2） 83

视频 8　竖脊肌刺法演示（3） 83

二、背最长肌劳损的诊断和治疗 84

三、上后锯肌劳损的指针法治疗 85

视频 9　腰方肌刺法演示（1） 86

视频 10　腰方肌刺法演示（2） 86

视频 11　腰方肌刺法演示（3） 86

四、髂腰肌劳损的诊断和治疗 88

第四节　臀部肌肉劳损的诊断和治疗 88

一、臀中肌、臀小肌和股方肌劳损的诊断和治疗 89

　　　　　视频 12　臀中肌刺法演示　　　　　　　　　89

　　二、梨状肌劳损的诊断和治疗　　　　　　　　　　91

　　　　　视频 13　梨状肌刺法演示　　　　　　　　　92

　　三、阔筋膜张肌劳损的治疗　　　　　　　　　　　93

　　　　　视频 14　阔筋膜张肌刺法演示（1）　　　　　93

　　　　　视频 15　阔筋膜张肌刺法演示（2）　　　　　93

第五节　腿部骨骼肌劳损的诊断和治疗　　　　　　　　95

　　一、大腿前群骨骼肌劳损的诊断和治疗　　　　　　96

　　　　　视频 16　股直肌刺法演示　　　　　　　　　98

　　　　　视频 17　股内侧肌刺法演示　　　　　　　　98

　　　　　视频 18　股外侧肌刺法演示　　　　　　　　101

　　二、大腿后群骨骼肌肉劳损的诊断和治疗　　　　　101

　　　　　视频 19　股二头肌刺法演示　　　　　　　　102

　　三、大腿内侧肌肉劳损的诊断和治疗　　　　　　　103

　　　　　视频 20　内收肌刺法演示　　　　　　　　　104

　　四、小腿肌肉劳损的诊断和治疗　　　　　　　　　105

　　　　　视频 21　胫骨前肌刺法演示　　　　　　　　107

　　　　　视频 22　腓骨长肌刺法演示　　　　　　　　108

　　　　　视频 23　腓骨短肌刺法演示　　　　　　　　108

　　　　　视频 24　腓肠肌刺法演示　　　　　　　　　109

　　　　　视频 25　比目鱼肌刺法演示　　　　　　　　109

第六章　体育与健康——人体骨骼肌劳损的预防 ……………… 112

第七章　我的感悟和期待 …………………………………………… 123

附：骨骼肌相关基础研究著者团队论文 ………………………… 128

主要参考文献 ……………………………………………………… 129

第一章

关注人体骨骼肌劳损

如果从生物学和人体活动的角度观察人生就会发现：人在日常生活、学习工作和文娱体育等各种活动中，维持身体姿势和完成各种动作虽然都是通过神经系统支配着骨骼肌系统牵动骨关节的活动实现的，但是，人体的各种动作活动最终都是通过骨骼肌活动完成的。

人体骨骼肌的活动有着在不同年龄阶段身体成长发育的特点和每一年龄段骨骼肌活动的具体内容两个方面的影响。这就要求我们必须了解每个年龄阶段身体成长发育有什么特点，以及不同年龄段的人的骨骼肌活动的区别。人的一生在成长发育的不同阶段，从婴幼儿到少年、青年、成年，随年龄增长，生活、学习之中，骨骼肌的活动内容从简单到复杂多样，都会对骨骼肌的结构和功能发生显然不同的影响。这就要求我们根据每个年龄段的身体发育的具体情况，对选择适合他们活动的动作结构和工作强度，以及活动的次数、组数和活动之间的间歇等问题进行研究，并对人们在活动前后进行相应的机能测定的医务监督，如此才能保证他们健康地发育、成长！我们究竟需要完成哪些方面的科研工作，怎样培养相应的教师队伍并建立和加强相应的医学保证工作？

医学科学经历了漫长岁月，直到 20 世纪，人们才认识到神经系统是调节人体各器官系统活动的主导系统，人体骨骼肌的活动同样是受神经系统支配调节的。在 20 世纪 50 年代，北京医学院马文昭院长就已经通过实验观察到，"运动的大白鼠大脑的大锥体细胞比不运动的大白鼠大脑的大锥体细胞的体积大"，反映了"神经系统支配骨骼肌的活动增强，骨骼肌的活动增强又会反过来促进神经系统的结构和功能增强"。但还没有提出"骨骼肌的活动和人体各器官、系统之间这种双向联系的相互影响"。在 2006 年出版的 Frederic H.Martini 的著作 *Fundamentals of Anatomy & Physiology* 中，作者用一张图表示了肌肉系统和其他系统的机能之间的相互联系。作者把人体骨骼肌系统的透视图放在中心，把神经、内分泌、心血管、呼吸、消化等所有控制和保证骨骼肌活动的结构和机能系统都放在两边，用双向的箭头和简要的说明提示人体各器官系统和骨骼肌活动之间有双向的机能联系。作者通过这一图片明确地提出了人体各功能系统活动和骨骼肌系统活动之间的密切相互联系的突破性认识（参见图1-1）：骨骼肌的活动是由神经、内分泌、呼吸、血液循环、消化、排泄等各器官系统的协同活动完成的；骨骼肌的活动又会反过来影响人体各器官、系统的结构和功能！

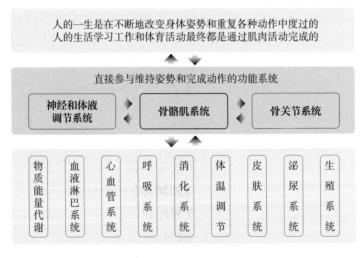

图1-1　骨骼肌功能与联系

段昌平（1980 年）用常规电镜方法证实了超过习惯负荷的肌肉活动后，延迟性收缩结构改变和肌肉僵硬、延迟性酸痛的关系，以及针刺和静力牵张对促进收缩结构恢复的作用。在显著超过习惯的负重蹲起、壶铃蹲跳和五级蛙跳练习后自身股外侧肌活检样品中，收缩结构在工作停止以后即刻变化并不明显，工作后 10 小时观察到收缩结构的改变加强，工作后 24 小时观察到收缩结构发生显著的改变伴随出现不同程度的酸痛感觉。上述结果反映了收缩结构的延迟性改变和延迟性酸痛的关系，收缩结构改变的延迟性是超过习惯工作负荷后收缩结构改变极其重要的特征，但在此前我们没有见过这些这样的改变，更不知道这些收缩结构改变的机制。参看图 2-2-1、图 2-2-2。骨骼肌的活动又反过来影响着各个器官系统结构和功能的变化。如果我们从人体活动的另一个角度观察就会发现：人的一生，生活、学习、工作、文娱、体育锻炼等各种活动内容都会随年龄的增长不断地变化，但这一切活动最终都是通过骨骼肌的活动完成的；人的一生都是在不断地改变身体姿势和重复各种动作活动中度过的。

这一认识的进展使我联想到：人体骨骼肌的活动，一方面随年龄增长，从幼年、少年、青年、成年过渡到老年，受成长、发育、成熟、衰老等不同阶段自然规律的制约；由于衰老导致骨骼肌活动能力下降，活动减少，不仅骨骼肌出现失用性萎缩，还会导致身体各器官系统的结构和功能下降。

另一方面，随年龄增长，人的学习内容、工作方式等发生转变，人体的肌肉活动就会随之改变，就会给身体各器官系统带来不同的影响。

体育运动的项目和内容极其丰富，人们可以根据自己骨骼肌的活动能力选择适当的运动项目，逐步改善和提高骨骼肌以及身体其他相关功能系统的结构和功能，从而达到增强体质、增进健康的目的。只有根据个体的承受能力，适度地重复超过习惯负荷的肌肉活动才会使肌肉和人体各器官系统的结构和功能得到改善和提高。因此，从婴幼儿到成年人和老年人需要怎样进行体育锻炼，增强体质、增进健康、延年益寿，是一项应该引起重视并进行大量深入的研究的重大课题！因为，过度重复超过习惯负荷的体育活动会导致骨骼肌劳损而损害健康。骨骼肌劳损在日常生活、学习工作和体育锻炼中都是多发的常见的。例如：

"落枕"主要的症状表现在头垂直转动的幅度减小，主要和中斜角肌和前斜角肌劳损有关。

"肩疼"主要和上部或中上部斜方肌肌束劳损有关。

"肩周炎"出现的肩部活动障碍和肩疼，主要和喙肱肌、三角肌、冈上肌、冈下肌、小圆肌劳损有关。

"网球肘"或"高尔夫肘"和肘肌以及前臂伸腕、伸指肌劳损有关。

"鼠标手""扳机指"以及钢琴家、理发师、牙科医生以及排球、网球运动员的伸指困难和指关节疼痛可能主要和前臂屈指肌劳损有关。

"前臂尺桡骨骨折"，如果前臂以"旋前位"固定，可能在骨折愈后出现前臂旋前方肌和旋前圆肌劳损导致前臂旋外（旋后）困难。

"腰痛"：竖脊肌、多裂肌、腰方肌劳损都可以引起腰痛症状；竖脊肌中腰最长肌劳损会引起下腰部疼痛，背最长肌劳损可以引起躯干后仰和骨盆前移；髂肋肌劳损疼痛多在腰部竖脊肌外侧边缘，可能引起脊柱向患侧出现半月形侧弯。一侧腰方肌劳损会把患侧的骨盆和下肢提起，使患者走路时向患侧晃动，或引起躯干向患侧倾斜导致脊柱呈现 S 形侧弯和健侧竖脊肌外侧肌束劳损；腰方肌劳损同样可能引起腰痛，疼痛严重时患者不能仰卧或侧卧睡觉，只能俯卧睡眠。

"骨盆前倾带动躯干前倾"和阔筋膜张肌以及臀小肌劳损有关。

"站立屈髋抬大腿困难"和臀中肌、梨状肌、股方肌劳损有关。

"上台阶或楼梯膝痛"主要和股直肌、股外侧肌劳损有关。

"下台阶或楼梯、屈膝下蹲膝痛膝软或跨栏运动员过栏后落地支撑时膝痛膝软"和股内侧肌劳损有关。

"膝关节不能弯曲或屈膝下蹲困难、深蹲以后站不起来"和股四头肌劳损有关。

"膝关节不能伸直或伸膝困难"和大腿后群的半腱肌、半膜肌、股二头肌劳损有关。

"大腿外展困难"和大腿内收肌劳损有关。

"过度跑、跳以后出现的胫骨疲劳性骨膜炎和胫骨疼痛"与小腿趾长屈肌劳损有关。

"过度跑、跳以后出现的脚跟后面疼痛"主要和小腿比目鱼肌劳损有关。

据前些年的统计，运动员的运动损伤中骨骼肌劳损的发病率占全部运动损伤的 50% 以上。在有些工种的工人腰腿痛的发病率在 90% 以上，其中有相当大的比例是骨骼肌劳损引起的，而多数患者都是带病坚持工作，仅有少部分的患者到医院就医。骨骼肌劳损引起的颈肩腰腿痛在一般人特别是中老年人中也有很高的发病率。骨骼肌劳损必然引起它所涉及的肌肉活动障碍。由于劳损所涉及的肌肉部位、数量和程度的不同，它对人们的生活、工作或运动能力影响的程度也不一样。劳损初起时几乎没有不适的感觉，轻的仅仅引起局部的运动功能障碍；重则可能使人不能维持正常姿势和站立，卧床翻身都有困难。因此，骨骼肌劳损会在不同程度上影响人们的生活、劳动和运动活动，使人们不能正常愉快地工作，运动员不能正常地训练，中老年人特别是老年人由于活动减少而加速了衰老的进程，给人们带来一定的心理压力，给个人和社会带来相当巨大的经济损失。而由于肌肉劳损引起的腰痛要占四分之一以上。

以上所列举的各种现象都是在日常生活、学习工作和体育锻炼里经常会出现的，为什么我们总是一遇到这些现象就首先想到问题出在骨关节或神经系统，却想不到问题在骨骼肌？这可能有两方面的原因：一方面是骨骼肌劳损是由于长期甚至多年逐渐积累形成的，过程很长、症状较轻或比较局限，不易引起人们的注意或重视；另一方面，科学技术的发展经过几千年才帮助人们从对骨骼肌表面现象的宏观观察认识进入到对骨骼肌里面所发生微观变化及变化机制的认识。骨骼肌劳损虽然是多发常见的问题，又会给人们的劳动生产、运动训练、日常生活带来许多不便和巨大的经济损失，却直到现在还没有引起医学、教育、体育等社会各界的关注和重视！主要表现在：

①医学、教育、体育和各类、各级学校都没有开设关于肌肉劳损的专门课程。

②医院没有骨骼肌劳损专科门诊。

③医学科学研究机构多集中于研究肌营养不良等肌肉病，很少涉及骨骼肌劳损问题。

④几乎没有关于骨骼肌劳损专题研讨的会议。

这种现状影响着人们对于骨骼肌劳损的认识，主要表现在：

①病位不明：软组织损伤、肌筋膜疼痛，病所是在肌肉的起止点还是在肌腹？

②病因病理不清：风寒湿、无菌性炎症、超过习惯的肌肉活动所引起的"延迟性肌肉酸痛"与骨骼肌损伤有无联系？

③病症主次不辨：大多重视疼痛，例如肌痛、纤维肌痛、肌筋膜疼痛、颈肩腰臀腿痛等，而忽视运动功能障碍，包括肌肉出现不同程度僵硬、收缩伸展功能下降、身体姿势改变、活动能力下降！

这样的现状，影响着对骨骼肌劳损的诊断、治疗和预防的进展。

对于人体的活动能力，不超过已经习惯的肌肉活动工作能力就不会提高；较长时间减少或降低肌肉活动会导致活动能力下降；适度的重复超过习惯负荷的肌肉活动才会使肌肉和人体各器官系统活动能力提高；在没有恢复的情况下过度的重复超过习惯负荷的肌肉活动就会导致骨骼肌劳损。因此：怎样进行体育锻炼才能增强体质、增进健康是一个亟须引起关注的重要问题！

 ## 【附】骨骼肌损伤的类别

　　骨骼肌损伤包含开放性损伤和闭合性损伤两大类。闭合性肌肉损伤可以区分为由于外力撞击而引起的挫伤和由于外力牵拉而引起的拉伤。一般把长时间多次重复积累形成的肌肉拉伤叫作慢性肌肉拉伤或者肌肉劳损，把突然发生的肌肉拉伤叫作急性肌肉拉伤。实际上，绝大部分的急性拉伤是和完成同一动作已经出现慢性劳损的肌肉在继续承受过度活动时出现的急性发作症状。肌肉劳损又可因为损伤程度的不同被分为重度损伤、中等程度损伤和轻度损伤。重度损伤包括肌肉断裂，肌肉断裂又可以分为完全断裂和部分断裂两种情况。

第二章

人体骨骼肌劳损的机制和病因

在运动训练、体力劳动以及日常生活的骨骼肌活动中，如果不超过已经适应的活动负荷强度，肌肉的工作能力就不能提高，但超过习惯负荷的肌肉活动就会引起骨骼肌在工作后出现延迟性酸痛、肌肉僵硬、收缩和伸展功能下降。在超过习惯负荷的肌肉活动后而没有完全恢复的情况下，反复重复这种超过习惯负荷的肌肉活动，就可能导致骨骼肌出现不同程度的劳损。

第一节　人体骨骼肌的结构功能简述

人体骨骼肌大约有 600 多块，肌肉是由肌细胞组成的；骨骼肌细胞是由细长圆柱状的横纹肌细胞组成，所以也叫肌纤维（图2-1-1），直径为 20 ~ 150μm（微米）。肌纤维的长短不一，短的如手指肌仅长数毫米，极少数长的如大腿肌可以超过 30cm。

肌纤维由细胞膜、细胞核、线粒

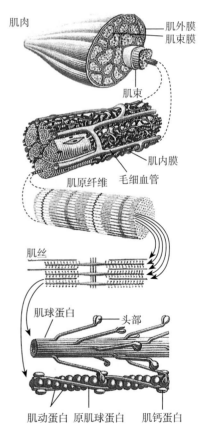

图2-1-1　肌纤维

体、肌原纤维、肌浆及其内含物等结构组成（图2-1-2）；肌纤维外有一层由弹力纤维和肌纤维疏松结缔组织构成的肌内衣，在肌内衣里含有毛细血管网、卫星细胞、胚胎干细胞、支配肌肉活动的运动神经纤维和运动终板、痛觉感受的游离神经末梢。肌纤维集合成束，含有肌梭本体感受器；肌束被一层由弹力纤维和胶原纤维组成的肌束衣包绕着，肌束衣里包含有血管和神经；许多肌束集合构成一块肌肉并由致密的胶原纤维构成的肌外衣包绕；在肌肉的两端，肌外衣、肌束衣和肌内衣的结缔组织纤维组成的肌腱或筋膜跨关节深入到骨质附着在骨的一定位置上，在肌腱部位有感受肌肉持续紧张牵拉而引起肌肉放松的腱器官感受器。

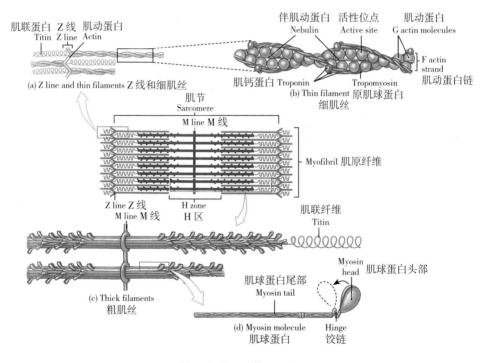

图 2-1-2　肌节和肌丝

　　肌纤维之所以能够收缩、舒张、紧张、放松和伸展，主要是因为肌纤维里有许多贯穿于纤维全长、平行排列整齐的肌原纤维；肌原纤维之间充满着肌浆；每个肌纤维含有成百上千条肌原纤维，肌原纤维和肌纤维的长度相同，直径只有 1 ~ 2μm，每个肌原纤维约由上万个肌节组成，肌节的静息长度约 2μm；肌节里含有粗丝、细丝和其他保证收缩活动的蛋白质丝和骨架蛋白。

粗肌丝由 200 多个纵行的肌球蛋白分子组成，肌球蛋白分子的头部和颈部构成横桥，每间隔一定距离旋转 60° 向外伸出。每两个肌球蛋白分子的尾部纤维螺旋扭转合成一条众多螺旋扭转的纤维聚集形成粗丝主干，固定于中线，另一端通过骨架蛋白和 Z 线相连。细丝由肌动蛋白和其他三种蛋白组成，一端固定于 Z 线（Z 盘），另一端游离，插入粗丝之间。粗、细丝排列规则，从横切面图像可见，每一粗丝周围有六根细丝，成六角形列阵，每三根呈三角形列阵的粗丝中间有一根细丝，排列十分规则（图 2-1-3）。

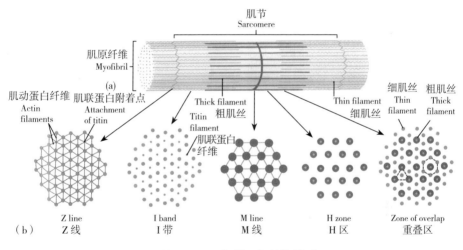

图 2-1-3　粗丝和细丝的排列

按照传统的看法，肌原纤维被 Z 线（Z 盘）间隔，两相邻的 Z 线之间的结构称为肌节。肌节的中部有中线，或称中膜，中线两侧不含横桥的粗丝的区域叫作 H 区。由于折光能力的不同，粗丝部分称为暗带或 A 带，仅有细丝的部分称为明带或 I 带。各肌原纤维的 Z 线、中线、明带、暗带排列在同一水平面而使肌纤维十分规则地呈现明暗交替的横纹。当兴奋冲动由神经传至肌肉时，引发一系列的变化过程（图

2-1 4)，使粗丝的头部和细丝一定的位点结合，由于横桥的向心摆动，把细丝拉向中线，随即和已结合的位点分离并立即与下一个位点结合，继续向心摆动，如此往复，使细丝进入 A 带而使肌节缩短，肌肉收缩。兴奋停止发放时，细丝和粗丝分离，细丝回到原位，肌肉放松（图 2-1-5）。

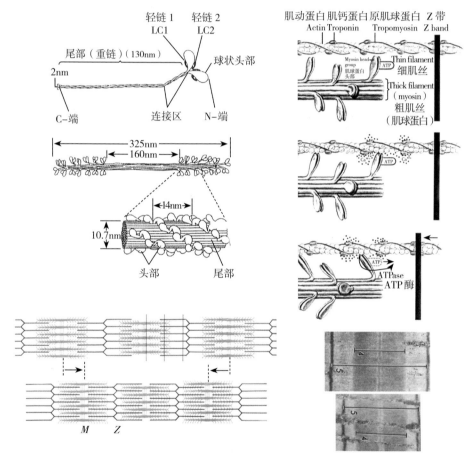

图 2-1-4　兴奋冲动传入时骨骼肌的变化

由此可见，肌丝和肌原纤维的规则排列是保证骨骼肌正常收缩与舒张的结构基础。如果骨骼肌受到外力适当地牵拉，细丝就会向相反的方向滑动，使肌节的长度加大，肌肉伸展；骨骼肌的紧张、放松、收缩、舒张和伸展使人体得以维持身体姿势和活动。此外，我们还需

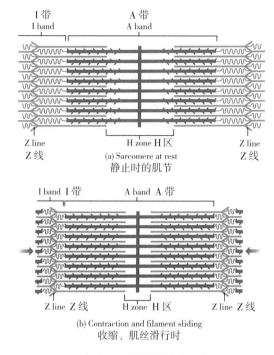

图 2-1-5 骨骼肌的静止和收缩

要了解一些与骨骼肌活动的能量供应系统和骨骼肌纤维类型有关的生物运动、生物化学及组织学有关的基础知识。

由于组成骨骼肌纤维长短的差异、肌束排列组合的区别导致肌肉形态不同、通过肌腱或筋膜起止于不同骨的不同部位以及关节结构的特点，促使人体得以维持姿势和完成各种不同动作活动；通过学习人体解剖学和运动生物力学才能帮助我们更好地认识日常生活、学习工作、文娱活动、体育锻炼，甚至休息睡眠，都应该维持什么身体姿势？身体各部位各环节活动的顺序怎样衔接？运动生理学、运动生物化学和病理学的有关知识会帮助我们理解骨骼肌活动时各器官系统活动的规律——什么是良性、适度的活动？什么是不良的过度活动？我们还需要了解"骨骼肌活动与人体各器官系统活动之间的相互影响"等。

第二节 超过习惯负荷的肌肉活动后骨骼肌收缩结构改变的特征

根据实验观察的结果，在超过习惯的骨骼肌活动后骨骼肌收缩结构改变的特征包括：延迟性、局灶性、多样性和一过性。

一、超过习惯负荷的肌肉活动后收缩结构改变的延迟性

段昌平在人体超过习惯负荷的负重蹲起、壶铃蹲跳和五级蛙跳后，股外侧肌活检常规电镜观察的实验结果证实，超过习惯承受能力的肌肉活动后收缩结构的改变是在肌肉活动停止以后延迟出现并逐渐增强的延迟性（图2-2-1），至于收缩结构的改变为什么在肌肉活动停止后才出现并逐渐增强的机制还不清楚。

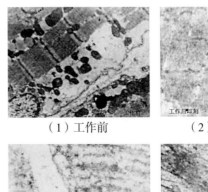

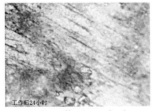

（1）工作前　　　　　（2）工作后即刻

（3）工作后10小时　　（4）工作后24小时

图2-2-1　超过习惯的肌肉活动后骨骼肌收缩结构
改变的延迟性

二、超过习惯负荷的肌肉活动后收缩结构改变范围的局灶性

在多组力竭性斜蹲后延迟出现的收缩结构改变，有的仅仅局限在一两个肌节，有时发生在多个肌节但呈分散分布，有的结构改变肌节链接成片，有的整个细胞甚至邻近的细胞都发生显著的结构改变（图2-2-2）。

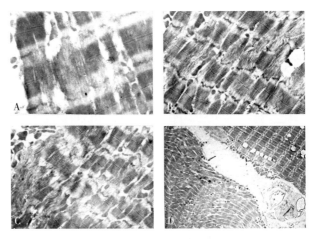

图2-2-2　收缩结构改变的局灶性

三、改变程度的多样性

Z线的结构改变出现轻度弯曲、显著弯曲、"Z线间断分离"甚至完全消失；粗丝是固定在中线上的，完整的中线的结构，是粗丝正常、规则排列的保证；一旦中线改变或消失，粗丝就会扭曲、紧缩；在肌细胞内的较小的区域里可以观察到肌原纤维有不同的走向、粗丝稀疏，甚至局部结构消失等不同程度的结构改变（图2-2-3）。

上述的实验结果反映了：超过习惯负荷的肌肉活动以后延迟性收缩结构改变所涉及范围的大小、结构和功能改变，包括肌肉条索的僵硬、收缩伸展功能下降的程度以及酸痛感觉轻重等，

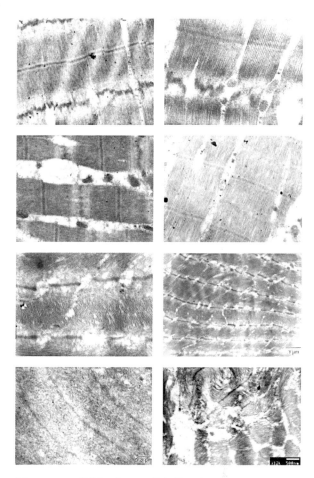

图2-2-3 超过习惯承受能力的肌肉活动后延迟性收缩结构改变程度的多样性

与所完成的肌肉活动的强度、数量、间歇及个体承受能力的密切关系。

收缩结构正常的肌肉是柔软的，无论在静止、工作或在受到按压的时候都不会出现酸痛或疼痛。由于肌肉痛觉的游离神经末梢是在肌纤维细胞膜外的筋膜（肌内衣）里，当细胞里面的收缩结构变化的范围较小、变化的程度较轻时，肌纤维之间的相互挤压不足以引起痛觉末梢兴奋，在一般情况下进行强度较小的活动没有任何不适感觉，所以一直

没有引起人们的注意；只是在受到按压时才会感到不同程度的酸痛或疼痛，因此常会认为疼痛是被按压引起的；但收缩结构正常的肌束受到同样的按压是不会出现酸痛或疼痛感觉的。随肌肉僵硬的范围加大、程度加重，肌肉活动时纤维之间的挤压加强，酸痛感觉也会逐渐增强。

四、延迟性收缩结构改变的一过性

超过习惯负荷的肌肉活动所诱发的延迟性收缩结构改变和酸痛经过适当的休息并调整后继活动，就会自然地逐渐转化为结构恢复，酸痛也会随之逐渐减弱、消失。借鉴张培苏《被动收缩所致家兔肌肉早期僵硬及其超微结构的变化》（发表在《中国运动医学杂志》1988 年第 7 卷第 1 期 1–9 页）的实验研究，观察兔骨骼肌（内收大肌）在接受 3 小时为 1 个单元的电刺激（在每 1 小时内刺激 55 分钟休息 5 分钟、每天上下午各进行 1 个单元时间）的实验结果，在间断进行到第 4 或第 5 个单元，也就是接受了 12 ~ 15 小时电刺激的过程中肌肉出现即刻突然僵硬后即刻取样时观察："早期"肌原纤维结构没有明显改变；24 小时和 48 小时后肌原纤维结构发生显著改变；72 小时后取样时观察结构显著恢复（图 2-2-4）。

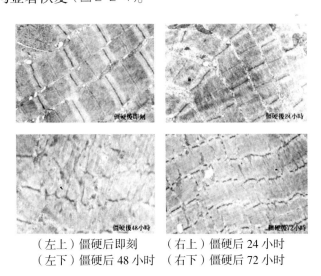

（左上）僵硬后即刻　　（右上）僵硬后 24 小时
（左下）僵硬后 48 小时　（右下）僵硬后 72 小时

图 2-2-4　超过习惯承受能力的肌肉活动后收缩结构延迟性改变的一过性

张培苏的这一研究结果证实："超过习惯负荷的肌肉活动后延迟诱发的收缩蛋白降解优势，导致收缩结构改变之后，经过适度的休息可以自然地转化为合成代谢优势，这是收缩结构和功能恢复必要的条件。"

第三节　骨骼肌收缩结构改变的机制

在段昌平的研究工作中还观察到一些我们从未见过的结构改变异常图片；由于我们没有见过这些在超过习惯负荷的活动后肌肉收缩结构所发生的各种改变，在求教无门的困境中，有幸得到蔡良婉老师的指点：她告诉我们："这些问题，只有去上海生物化学研究所请教曹天钦老师，只有曹老师能够解答你们的问题。"并为我们写了介绍信。

我拿着蔡老师和学校的介绍信到中科院上海生物化学研究所，曹天钦老师上午 10 点钟接见了我，在详细了解我们的情况和段昌平的实验结果以后指出："既然骨骼肌的收缩结构都是蛋白质，收缩结构发生了改变和解体，必然是组成收缩结构的蛋白质结构解体的结果。单纯的电镜观察只能看到收缩结构的变化，必须通过免疫电镜的方法观察才能证实收缩蛋白的分子结构改变和收缩结构改变或解体的关系。"接着又具体讲解了免疫电镜的方法：

免疫电镜的方法，就是把免疫学的原理和电子显微镜的观察结合起来，在电子显微镜下同时观察收缩蛋白的结构改变和收缩结构改变的关系。细菌和病毒以及其他蛋白质都有抗原性。抗原能诱发身体产生特异性免疫反应的抗体。体外的细菌或病毒中的蛋白质（抗原）进入人体以后，血液中的淋巴细胞就会产生能够识别相应抗原的特异性抗体，抗体就会和进入血液的细菌或病毒发生免疫结合，阻止机体遭受入侵细菌或病毒的侵害，这就是免疫反应。利用抗体和抗原结合产生免疫作用的原理，把骨骼肌里收缩结构的主要收缩蛋白，例如：肌原纤维中线里的 M 蛋白是中线结构的组成成分，完整的 M 蛋白分子只存在于肌原纤维节的中线（M 线）结构里，完整的 M 蛋白分子分解成它的组成成分的片段的时候，降解的带有 M 蛋白免疫结构的组成片段出现在中线以外的地方，中线的结构就会发生不同程度的改变甚至完全消失。M 蛋白的抗体不仅和完整的 M 蛋白分子发生免疫反应，还可以和 M 蛋白降解后带有免疫结构的组成成分片段发生免疫结合。我们在樊景禹老师的帮助和指导下用蛋白 A- 胶体金复合物把 10 ～ 15nm 直径的金颗粒连接在抗体上作为标记物。这样，在电子显微镜下就可以看到中线结构以外的金颗粒黑点，并证明是 M 蛋白的抗体和降解或分解后含有 M 蛋白的抗原的成分结合的结果；用计数每平方微米里的金颗粒数量作为免疫标记密度评价 M 蛋白分解或合成的指标；如果在中线结构上 M 蛋白免疫结合数量减少、免疫标记密度下降、而中线以外区域 M 蛋白分解后的组成成分片段的免疫结合的数量增多、免疫标记密度增高，结合观察到中线结构的改变，这一实验结果就证实了 M 蛋白的分解和中线结构改变的关系；Z 线和 Z 线以外区域 α- 辅肌动蛋白免疫标记密度的变化，反映 α- 辅肌动蛋白的分解和 Z 线结构改变的关系以及粗丝肌球蛋白免疫标记密度的变化和粗丝结构改变的关系。曹老师在讲完了以上的问题以后还请他的研究生给我们提供了有关的文献资料。

　　我们按照曹天钦老师的指导意见，在北京和上海二十多家单位的支持和帮助下，从提取和纯化骨骼肌收缩蛋白着手。开始时我们在北京大学生物系生物化学教研室李德昌、曾耀辉、徐浩大老师的指导下学习收缩蛋白的提取和纯化，并经过介绍得到北京农业大学植物生化研究室阎隆飞先生的支持，在刘国芹老师和龙国洪、唐晓晶同学的帮助下通过两年的学习完成了中线 M 蛋白、Z 线 α- 辅肌动蛋白和粗细肌球蛋白的提取、纯化；进一步在北京医学院免疫学教研室老师的帮助和指导下分别制成了这三种蛋白的抗血清；在北京医学院生物物理教研室樊景禹老师的指导下学会了免疫金标记的方法；北京海淀医院外科杨章钧医生为志愿者，在多组力竭性斜蹲后双腿股外侧肌活检取样，经中国人民解放军三〇四医院病理室兰复生、杨建发、李玲、张桂香医生和技师的帮助，完成了低温包埋冷冻超薄切片并和相关抗血清结合后进行电镜观察，结果证实了曹老师的论断，为证实收缩蛋白的分解代谢（降解、解聚）优势和收缩结构改变的关系提供了实验证据。现将有关的实验主要研究结果分述如下：

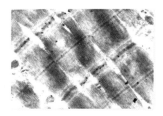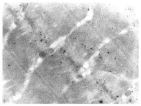

图 2-3-1　多组力竭性斜蹲后针刺腿和运动腿 Z 线
α- 辅肌动蛋白免疫标记变化的实验观察结果

李晓楠对大负荷斜蹲后股外侧肌 Z 线 α- 辅肌动蛋白和 Z 线结构改变的免疫电镜观察证实：负荷后股外侧肌 Z 线 α- 辅肌动蛋白的降解导致 Z 线的结构改变（图 2-3-1、表 2-3-1）。

表 2-3-1　针刺对大负荷运动后 Z 带和 Z 带以外区域
α- 辅肌动蛋白免疫标记密度的影响

单位：金颗粒数 /μm²

	照片数	Z 带		Z 带以外	
		平均值	标准差	平均值	标准差
针刺腿	57	120.49**	35.12	5.50**	1.44
对照腿	57	75.06	36.72	6.75	2.48

**：$P < 0.01$。

屈竹青在用免疫金标记观察大负荷斜蹲后股外侧肌中线 M 蛋白免疫标记密度（每平方微米的金颗粒数）的结果发现：工作后中线 M 蛋白免疫标记密度比工作前降低，而中线两侧和两侧以外区域的 M 蛋白免疫标记密度明显升高。过度负荷诱发的延迟性 M 蛋白的降解强于合成代谢的降解优势，导致中线结构发生不同程度的改变（图 2-3-2、表 2-3-2）。中线的结构改变会影响到粗丝，特别是在中线消失以后，粗丝

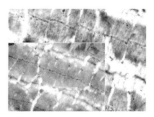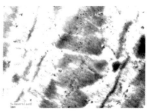

图 2-3-2　多组力竭性斜蹲后中线 M 蛋白降解导致中线
收缩结构改变的免疫电镜实验结果

扭转紧缩，使肌节显著缩短，最短的肌节长度仅仅是正常长度的 1/4，导致肌束成为不同程度的僵硬条索。

表 2-3-2　针刺腿和运动腿 M 线、M 线两侧和 M 线两侧以外区域 M 蛋白免疫标记密度的比较

单位：金颗粒数 /μm²

观察区域	针刺腿			运动腿			P
	照片数	平均值	标准差	照片数	平均值	标准差	
M 线	59	34.36	21.13	59	24.79	14.96	< 0.05
M 线两侧	55	3.34	1.95	55	6.45	3.68	< 0.01
M 线两侧以外	59	3.08	1.61	59	3.88	2.19	< 0.05

照片数：来自 3 名受试者。

樊景禹老师和我观察到多组力竭性斜蹲后粗丝肌球蛋白的降解或解聚、肌球蛋白的免疫标记密度下降证实了肌球蛋白分子的分解导致了粗丝结构改变。（图 2-3-3、表 2-3-3）

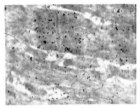

图 2-3-3　中线消失后粗丝肌球蛋白降解导致粗丝改变

表 2-3-3　结构正常的 A 带和结构改变的 A 带肌球蛋白免疫标记密度的比较

单位：金颗粒数 /μm²

电镜照片数	结构正常的 A 带		结构改变的 A 带		P
	平均值	标准差	平均值	标准差	
12	58.52	15.47	25.96	10.34	< 0.01

中线结构解体后，粗丝肌球蛋白出现分解代谢优势导致粗丝结构的改变、粗丝扭转紧缩导致肌原纤维扭曲，使肌节显著缩短，最短的肌节长度仅是正常长度的 1/4，导致肌束成为不同程度的僵硬条索（图 2-3-4 ）。

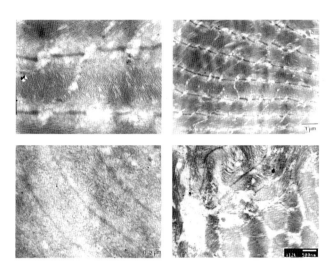

图 2-3-4　中线消失后粗丝肌球蛋白降解导致粗丝改变

秦长江（1988 年）对蟾蜍骨骼肌进行了 3 小时电刺激后，延迟 3 小时取样，匀浆，用免疫印迹电泳观察到肌球蛋白分子降解或解聚、阿是穴斜刺后导致降解后的片段迅速组装合成，恢复成为完整的收缩蛋白分子促使收缩结构恢复（图 2-3-5）。这一实验研究结果从另一个侧面证实了曹天钦老师关于"超过习惯的肌肉活动后延迟性收缩蛋白降解导致收缩结构的延迟性改变或解体"的论断，为我们进一步认识骨骼肌劳损的机制、骨骼肌劳损的治疗和预防以及认识人体骨骼肌的活动规律铺平了道路。

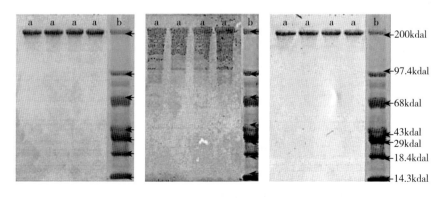

图 2-3-5　蟾蜍骨骼肌肌球蛋白免疫电泳实验结果

左图为工作前的安静组，肌球蛋白分子完整；中图是实验组，是蟾蜍骨骼肌经 3 小时电刺激再经过 3 小时休息后取样，结果显示：肌球蛋白在超过习惯负荷的活动后，肌球蛋白由于出现了延迟性分解代谢优势，完整的蛋白分子被分解成为分子量小的不同片段；右图是蟾蜍骨骼肌在 3 小时电刺激后对被刺激的骨骼肌经过斜刺后的取样观察，结果证明：阿是穴斜刺有迅速促进由于超过习惯负荷的肌肉活动所分解的片段迅速地组装合成为完整蛋白分子的作用。但是经过了 30 多年，直到最近我才注意到：在当时我只注意到针刺对促进肌球蛋白分子结构合成的恢复作用，忽视了针刺后完整肌球蛋白分子条带的厚度和色调低于 3 小时电刺激前安静时；这一结果可能是反映 3 小时电刺激导致肌球蛋白分子分解后有部分分子通过细胞膜流失，导致针刺虽然能够有效地加速肌球蛋白结构恢复，但由于部分分解成分的流失而使针刺促进合成的肌球蛋白的数量没有恢复到刺激前水平，为针刺治疗注意事项中的"已刺勿劳"提供了实验研究结果的证据。

第四节　人体骨骼肌劳损的机制

在我国传统医学经典著作中即有"痹证：因风、寒、湿、热等外邪侵袭人体，闭阻经络而导致气血运行不畅的病症。主要表现为肌肉、筋骨、关节等部位酸痛或麻木、重着、屈伸不利"等疼痛和运动障碍并列的记载。虽然在 12 世纪南宋医学家陈言就已提出"劳倦"是致病的原因，但至今"寒湿之气，客于肌中，名曰肌痹"的看法仍然比较普遍。

西方医学自从 Hough. T. 在 1902 年提出，超过习惯负荷的肌肉工作后出现的延迟性肌肉酸痛是由于肌肉损伤导致结缔组织增生和肌肉粘连的结果，此后的近百年来，都沿着延迟性肌肉酸痛是肌肉损伤导致无菌性炎症的思路进行研究；最近的研究工作还把和延迟性肌肉酸痛同时出现的延迟性收缩结构的改变概括为"运动练习引起的肌肉损伤"。

在我们进行实验研究的过程中逐渐认识到人体在重复肌肉活动时骨骼肌的结构、功能变化有向两个方向发展变化的可能。

在个体的承受能力适度超过习惯负荷的肌肉活动之后，经过适度的休息和调整后继活动的负荷，促使收缩蛋白分解代谢优势自然地转化为合成代谢优势，并促使结构恢复之后再进行重复活动，这样的重复活动使收缩蛋白合成能力的积累和增强逐渐提高，直到和由于超过习惯承受能力的肌肉活动所诱发的分解代谢优势达到新的平衡，延迟性收缩结构改变和肌肉酸痛不再出现，反映人体对所超过习惯负荷的肌肉活动出现新的适应；这种自然转化、积累、增强的过程是生理性的。

如果在重复进行超过习惯承受能力的肌肉活动时，在活动停止后出现的延迟性收缩结构改变没有完全恢复的情况下过度重复活动，在超过习惯负荷的肌肉活动后所诱发的收缩结构蛋白出现分解代谢优势还没有自然转化为合成代谢优势，或是虽然已经转化为合成代谢优势但收缩结构还没有完全恢复的情况下继续重复超过习惯负荷的肌肉活动，就会导致分解代谢优势的积累，导致收缩蛋白分解代谢失去了自然转化为合成代谢优势的能力，而使收缩结构相对稳定在结构改变状态。因此，在没有恢复的背景条件下，继续过度反复地超负荷活动将导致延迟性收缩蛋白分解优势逐渐积累加强，直至失去了自然转化为合成代谢增强的能力，收缩蛋白相对稳定在分解优势的状态。在这种状态下继续这样的重复活动，收缩结构解体的范围就会逐渐加大、变化的程度逐渐加重，从而形成不同僵硬程度的条索、收缩伸展功能下降，引起身体姿势的改变和关节活动障碍，以及肌肉和肌肉在骨的附着部位出现程度不同的疼痛等，形成病理性的慢性肌肉劳损；或是在慢性劳损的背景条件下受到突然加强的活动导致慢性劳损的急性发作。综合上述实验研究结果，对人体骨骼肌劳损机制的认识是"在没有恢复的状态下重复超过习惯负荷的肌肉活动，导致延迟性收缩蛋白分解代谢优势的积累到失去了自然转化为合成优势的能力、收缩结构相对稳定在改变状态的病理过程"。病因应该是"过度的肌肉活动"；根据上述的探讨，由于延迟性酸痛的一过性和两向发展的可能性，我们不应该笼统地认为"超过习惯负荷的肌肉活动所引起的延迟性酸痛就是病理性的损伤"。

第三章

人体骨骼肌劳损的诊断

准确的诊断是保证治疗效果的前提。如果没有准确的诊断，即使有很好的治疗方法，也不可能获得有效的治疗。因此，为了准确的诊断，我们需要学习、了解和人体的解剖学、组织学、生物力学等关于骨骼肌的结构、功能的有关知识，以及前辈医生和学者的诊断经验。通过分析思考、比较鉴别，探索人体骨骼肌活动的正常和异常的发展规律，提高准确诊断的能力；通过观察和了解患者的身体姿势和活动能力的变化，分析主诉并提问相关的问题，进行综合分析得出初步诊断后经过触诊检查证实、确诊，为治疗提供依据。

第一节　人体骨骼肌劳损的诊断

首先，对于人体运动功能障碍或身体正常姿势的改变，我们要区分所出现的异常是由于神经损伤、骨关节损伤或是骨骼肌劳损引起的。

在骨关节损伤时往往同时出现明显的锐痛和运动障碍，因此，一旦同时出现这两种症状时，人们往往从骨科检查入手；但如果仅仅发现骨质增生或骨质疏松等，常常不一定能够作为确诊的依据。

如果是由于神经系统的损伤引起的运动功能障碍，可能会同时出现感觉障碍。

在确诊运动障碍是不是由于神经系统引起的时候，有一个值得探讨的问题是：对于"神经痛"如"坐骨神经痛"等的理解和认识问题。一般都认为"神经痛"当然是神经的疼痛，但在有的英语字典里关于"神经痛"的解释是：

"Neuralgia– n. acute paroxysmal pain radiating along the course of one or more nerves usu. without demonstrable changes in the nerve structure". (*Webster's Ninth New Collegiate Dictionary*)

译成中文是"神经痛——名词。沿一条或更多条神经行走途径辐射、通常并不伴有可以证明的神经结构改变的急性突发性疼痛"。这种认识提出了"神经痛"并不是神经系统本身疼痛，因为感受痛觉的游离神经末梢只存在于感觉神经所支配的外周器官，至今也没有见到在神经系统本身发现痛觉感受器的报道。神经系统的损伤只会引起感觉障碍和活动障碍，却不会引起疼痛。此外，当神经的感觉功能没有丧失之前，如果神经受到压迫会引起"麻"，不会"痛"。因此，平常大家常说的"坐骨神经痛"等，可能是对这一神经所支配的或是神经走行途径的其他具有痛觉感受神经末梢的器官、包括骨骼肌出现疼痛的误解。由于存在着这样的误解，在同时出现疼痛和运动功能障碍时，人们往往注意的是疼痛，忽视同时存在的运动功能障碍。在一般情况下，一旦出现疼痛，人们往往会立刻想到神经系统。疼痛治疗所用的镇痛药只是改变了大脑对从外周器官传来的疼痛信息的感受，但是疼痛感觉减轻并不能证明对器官的病理改变有治疗作用。以上所涉及的内容仅仅是我对这一问题的认识，不当之处请大家指正。

从上述的讨论联想到：学习、了解相关学科的诊断知识和经验的重要。

如果不能鉴别运动障碍是由于神经系统或是骨关节系统出现的问题，就需要神经科或骨科医生的帮助。

确诊问题出在骨骼肌以后，还需要确切地表明主要的病理变化是在筋膜？肌腱？还是在肌腹–肌纤维？了解机制和病因，最后要从患者身体姿势的改变和运动功能障碍，通过肌肉工作分析找出导致功能障碍的主要损伤的肌肉或肌肉的某些肌束和它们的最硬或最痛点。

骨骼肌劳损在人们的日常生活、学习工作和运动锻炼中都是多发常见的，根据文献记载：骨骼肌痛觉感受神经末梢主要分布在血管外膜构成网状结构或者在腱膜分支游离；肌纤维细胞膜外的结缔组织组成的肌内衣分支（引自 *Diseases of Muscle*，第 4 版）。

因此，在肌细胞内的收缩结构改变程度较轻、范围较小、肌束的僵硬程度较轻时，肌纤维的收缩和舒张时细胞之间的相互挤压不会引起痛觉神经末梢兴奋，不会产生明显的疼痛感觉，对人们的生活和工作几乎没有明显的影响，更没有致命的威胁，因此患者和医生都不以为意。只有在进行超过习惯承受能力的肌肉活动、出现收缩蛋白分解代谢优势，却没有过渡到合成代谢增强、至结构完全恢复之前，就反复地重复超过习惯承受能力的过度的肌肉活动，导致分解优势的逐渐积累到失去自然转化为合成代谢优势的时候，收缩蛋白的分解优势所引起的收缩结构改变就会逐渐积累，使收缩结构改变的程度加重、涉及的肌原纤维和肌纤维的范围增多、肌束紧缩僵硬的程度就会逐渐加重，导致肌肉活动时对骨骼肌内衣的痛觉神经末梢的挤压程度加强而出现不同程度的疼痛；在肌肉紧缩僵硬的程度逐渐加强的情况下进行活动时，肌肉通过肌腱和筋膜对所附着的骨逐渐出现疼痛以及相关的骨和关节、甚至协同肌和对抗肌的结构和功能改变……这是我们通过实验研究和临床治疗的结果对上述现象的分析和认识，供参考。

在前面的章节里，我们已经在骨骼肌劳损的病因和机制部分做了阐述：骨骼肌如果承受了超过习惯负荷的活动，在活动停止后，组成收缩结构的收缩蛋白会出现延迟性分解比合成过程强的降解优势，收缩蛋白的降解导致正常收缩结构改变甚至消失，而使肌纤维紧缩、僵硬，收缩和伸展功能下降并出现程度不同的延迟性肌肉酸疼；反应的强弱和持续时间的长短取决于超过习惯负荷的肌肉活动的内容、负荷的强度和持续时间以及个体的承受能力；这种现象经过适当的休息和调整减轻后续的活动，骨骼肌收缩蛋白的降解优势如果能够自然转化为合成代谢优势，合成能力会逐渐加强，收缩结构就会逐渐恢复和增强；"产生最大力量的能力将在数日或数周内逐渐恢复"（引自 *Physiology of Sport and Exercise*，第 4 版）。这样，在适（当）度的超过习惯承受能力的肌肉活动后经过休息和调整减轻后续活动，在这样的反复活动过程中，收缩蛋白合成代谢的能力就会积累增强，活动后的延迟性酸痛就会随之逐渐减轻消失、肌肉的结构和功能就会逐渐得到增强和提高；因此，不应该把超过习惯承受能力的肌肉活动后所出现的延迟性肌肉酸痛笼统地都认为是病理性损伤。但是，在重复进行超过习惯承受能力的肌肉活动时，由于没有根据个体的承受能力，在活动停止出现延迟性收缩结构改变、且尚未恢复的情况下（而）过度的重复活动，引起收缩蛋白分解代谢优势的积累并失去了自然转化为合成代谢优势的能力，使收缩结构相对稳定在改变状态，导致不同程度的劳损而出现不同程度的运动功能障碍和疼痛。

疼痛在一定的条件下可以帮助医生找到受伤的肌肉。如果患者在肌肉受伤时有明显的疼痛并能比较准确地告诉医生疼痛的部位，这对我们的诊断是很有帮助的。但在多数的情况下，患者常常只能说出大概的部位，特别是有些慢性肌肉损伤的患者并没有明显的疼痛感觉。这样就引出了在用针刺治疗肌肉损伤时，如果没有明显的痛点，这对于"以痛为腧"用疼痛来判断受伤的肌肉就比较困难。另外，在肌肉劳损的诊断和治疗中，有时问题的根源在肌肉而疼痛却在骨或关节。例如：人们通常认为，屈膝下蹲时膝痛膝软是髌骨（俗称膝盖骨）软骨软化症（髌骨劳损）的典型症状。根据我们近年来的临床治疗和张妍的实验研究结果，证明屈膝下蹲时膝痛膝软还可能是由于大腿股内侧肌的部分肌束过度工作引起有些肌束变得僵硬、缩短，牵拉髌骨内移、回旋，使髌骨和股骨的关节面不能完全吻合引起的。在经过治疗，使股内侧肌僵硬肌束的结构恢复正常、股内侧肌放松并使髌骨恢复到正常位置的时候，屈膝下蹲时膝痛膝软的症状就会显著缓解或完全消失；在这种情况下，痛在膝关节的髌骨，引起疼痛的根源却在劳损的股内侧肌；此外，股内侧肌劳损还可能引发胫骨外侧髁前面股内侧肌肌腱附着点疼痛；骨外肌劳损可以引发胫骨内侧髁前面股外侧肌肌腱附着点疼痛。其他如：肱骨内上髁上缘的疼痛根源在于肱三头肌劳损，在肱三头肌内侧头中部会有明显的压痛点；肱骨内上髁下缘疼痛根源在旋前圆肌劳损；胫骨疲劳性骨膜炎是痛在胫骨内侧下部，根源在趾长屈肌劳损；跟骨小腿三头肌肌腱止点痛，引起疼痛的根源在于小腿三头肌劳损等。在上述的情况下，痛点和导致疼痛的根源不在同一个地方。这时，就必须"追根寻源"，"以源为主、以痛为辅"了。根据上述的认识，我们把"以痛为腧"的阿是穴发展为："以劳损肌束条索的最硬点为主、以痛为辅"的阿是穴。由此可见：进行肌肉工作分析需要熟悉人体的解剖结构，特别是肌肉和骨关节系统的结构和功能；了解完成动作都有哪些肌肉参与工作；它们的起点、止点和拉力方向；它们是主动肌、协同肌还是对抗肌等对于准确的诊断有多么重要！此外，经常是对运动功能障碍的反向考虑会帮助我们找到引起运动功能障碍的肌肉。例如：不能完成屈的动作是受伸肌的限制；不能外展是因为内收肌的制约；不能旋外是受旋内肌影响……

这种诊断肌肉劳损的方法可以归纳为：望、闻、问、析、触、治、效、录八个字，供参考。

望：观察患者的姿势变化和动作活动的情况。

闻：听取患者的主诉，了解患者的病史和现状。

问：提出问题以进一步了解患者的病情。

析：对于患者的症状和运动功能障碍进行肌肉工作分析，可以得到主要功能障碍肌肉的初步印象。

触：受伤的肌肉常常变成硬度不同的条索且伴有程度不同的压痛，并表现出一定的功能障碍；进行触诊检查以验证分析判断是否正确。

治：在针刺后要对原痛点进行触诊检查并要求患者试做一下针刺治疗前不能完成的或完成有困难的动作，以检查治疗效果和验证诊断的准确性。如果压痛缓解、条索软化，原有的功能障碍缓解或消失，患者可以完成治疗前不能完成的动作时，说明我们已经刺中了受伤的主要肌肉，同时也进一步验证了原来的诊断是正确的。

效：评定疗效。针刺后要求患者重复试做针刺治疗前不能完成的动作，不仅可以观察功能恢复的情况，同时也有助于发现进一步需要治疗问题所在。例如：在梨状肌和臀中肌经斜刺治疗症状缓解之后、仰卧举腿高度仍没有完全恢复时，进一步针刺股方肌或臀小肌可能使抬腿高度完全恢复。疗效同样可以验证诊断的准确性。

录：将患者的病史、诊断、治疗和疗效等记入病历，作为后续治疗和总结经验的依据。

第二节　如何进行肌肉工作分析

在确诊是骨骼肌劳损以后，首先就要准确地找到受伤的肌肉。进行肌肉工作分析就必须了解每一肌肉的位置、它附着在骨骼上的部位，我们对骨骼肌的大体解剖，即肌肉的位置、起止点、走向，它在近固定和远固定条件下的正常功能和发生功能障碍时主动肌或对抗肌对所完成动作的影响，了解得越清楚，我们的诊断就会越准确。从这里可以看到：学习和掌握骨骼肌劳损的机制、组织结构和生物化学变化、人体和骨骼肌的大体解剖以及骨骼肌活动的生物力学知识，对于准确诊断是非常重要的。但是，还需要注意的是：从肌肉功能的角度看，肢体屈的动作发生困难往往还可能是由于伸肌的功能障碍引起的、不能外展往往是内收肌的功能障碍引起的、不能旋内往往是由于旋外肌的功能障碍引起的。如果损伤涉及一束肌肉，就要沿着这束肌肉的长轴找到这束肌肉的最硬、最痛点。如果某一活动障碍涉及不只一块肌肉，这时就要找出影响这一活动的主要肌肉。由于有时损伤所涉及的肌肉较多，痛点也较多，而治疗需要从影响功能活动最主要的肌肉着手，在这种情况下就必须找到影响主要功能活动的主要受伤肌肉或肌束。

还有一个需要注意的问题，例如：一侧腰方肌劳损引起躯干向同侧倾斜，会诱发对侧腰背肌的负荷加重导致对侧腰背肌劳损；因此，在同侧原发的劳损肌肉治愈之后需要注意检查，如果发现对侧腰背肌已经出硬度不同的肌束或肌肉，需要继续给予治疗，促进它们的结构和功能完全恢复正常。

在进行人体动作分析的时候，除进行单个关节的活动分析，还需要对多关节活动进行综合分析，了解动作环节活动先后顺序。

例如：打太极拳时两脚与躯干垂直、与肩同宽平行开立、屈膝浅蹲，然后把身体重心移向右侧使右腿成为支撑腿、右脚承重，远端固定不能活动的时候，先以右脚为中心，用左肩带动躯干后转，就必然会带动骨盆后转使右侧大腿内收、膝关节内扣；在屈膝浅蹲时膝关节内外两个侧副韧带都是松弛的，大腿内收、膝关节内扣就会导致股骨头在胫骨关节面水平转动、股直肌收缩就会出现向外的水平分力导致髌骨外移而加重了股内侧肌牵拉髌骨的工作负荷，反复多次重复这种活动导致股内侧肌劳损，由于股内侧肌紧缩僵硬，髌骨内移的同时，出现顺时针旋转，髌骨关节错位，屈膝下蹲时出现膝痛膝软（请参看第五章第五节中"股内侧肌劳损的诊断和治疗"的有关内容）。上述的现象在练太极拳后半年到一年就会出现，而且在田径的投掷项目、篮球运动员，甚至日常生活也有这个问题，只是至今还没有引起注意！如果在重心移向支撑腿后不要先转躯干而是先上步把重心移到上步腿以后再转体，或是先把重心移向上步腿以后再转动躯干带动原支撑腿的大腿和小腿同步旋转、再启动上步腿完成动作。在运动的时候，了解活动的动作结构和动作环节活动的先后顺序、保证大小腿在同一平面的协同活动，对避免膝关节损伤是非常重要的一点，希望能够引起关注！

也许大家会觉得，生活、工作和运动中的动作那么多，人体的骨骼、关节、肌肉又那么多，完成那么多动作的肌肉工作分析多难哪！其实，人体的肌肉都是跨过关节附着在不同骨的不同部位，肌肉的收缩和舒张就会引起骨围绕着关节产生活动。而关节的活动却只有使身体各部分（环节）产生屈伸、外展和内收、旋前（旋内）和旋后（旋外）三类活动。这样一想，肌肉工作分析是不是就容易一些了。至于要熟悉生活、工作和运动活动中的各种动作，只要我们深入到生活、工作和运动活动实际，随时注意观察、分析、积累，也一定会逐渐熟悉起来的。

写到这里还有一个体会：做肌肉工作分析是为要找到劳损的肌肉，以便帮助患者回到正常的生活、工作和运动活动中去。这整个的工作过程，从学习有关的基础知识到诊断、治疗，都是我们不断地认识骨骼肌劳损的诊断和治疗客观规律的学习过程。在学习的全过程中，不但要学到前人的知识、技术和经验，同时要不断地学习、改进思想方法，以提高我们思考、分析、判断的能力，才能更好地继承和发展前人的知识、技术和经验，更好地为患者服务。

第四章

人体骨骼肌劳损的治疗方法

从学习有效的治疗方法着手，1973 年在北京人民医院针灸科赵继祖医生的指导下，学到了山西一位老中医用阿是穴斜刺温针治疗骨骼肌损伤的方法，通过试用后，简化为"阿是穴斜刺"，疗效依旧保持显著；此后又根据冯天有医生的报告演示学到了罗有名老中医的"指针"治疗方法；与此同时还引用了静力牵张伸展练习法和学习了"放松功法"；近年来把指针法、静力牵张法和放松功法综合运用，进一步提高了疗效。

第一节　阿是穴斜刺针法

一、阿是穴斜刺针法的源起和发展

从"痹证""以痛为输"和"肌痹"到"骨骼肌劳损"的认识经历了两千多年漫长的历程。

《黄帝内经·素问·痹论》篇："黄帝问曰：痹之安生？岐伯对曰：风寒湿三气杂至，合而为痹也。"由于科学技术发展进程的制约，对骨骼肌劳损机制的认识进展缓慢，虽然在 12 世纪南宋医学家陈言就已经提出了"劳倦"是致病的原因，但直到现在，杨上善（公元 589—681年）《黄帝内经太素》之"五刺"注："寒湿之气，客于肌中，名曰肌痹"的看法仍然比较普遍。但早在《灵枢经》上对"肌痹"就有以痛为腧——取阿是穴和浮刺、分刺、合谷刺（合刺）等针法的记载。我们1973年初在赵继祖医生的指导下，第二次应用山西一位老中医的"阿是穴斜刺 - 温针"的方法为患者治疗骨骼肌劳损的时候，仅仅在阿是穴刺之后还没有"温针"患者就反映"患处已经不疼了"！退针到皮下、触诊发现僵硬的条索已经软化；从而把这一疗法简化成"阿是穴斜刺"，经过了6年多的治疗实践，结果证实："阿是穴斜刺"的疗效确切，进一步进入到骨骼肌劳损和阿是穴斜刺治疗作用机制的研究。我们从探索超过习惯负荷的骨骼肌活动诱发的延迟性酸痛和骨骼肌收缩结构改变的关系入手：段昌平在20世纪80年代初用常规电镜方法证实了超过习惯负荷的肌肉活动后延迟性收缩结构改变和肌肉僵硬、延迟性酸痛的关系，以及针刺和静力牵张对促进收缩结构恢复的作用（请参看本书第二章第二节的有关内容；论文《针刺和静力牵张对延迟性酸痛过程中骨骼肌超微结构的影响》发表在《北京体育大学学报》1984年第4期）。在段昌平的实验研究结果里，我们看到了从未见过的骨骼肌结构异常改变的图片，在求教无门的困境下，有幸得到蔡良婉老师的指点，告诉我这个问题只有到中国科学院上海生物化学研究所去请教曹天钦老师，还为我写了介绍信。此后我们在曹天钦老师的指导下，经过北京和上海二十多个单位的支持帮助以及我校师生共同努力，用免疫电镜的实验观察结果证实了曹天钦老师关于"超过习惯负荷的肌肉活动后是骨骼肌延迟性收缩蛋白分解代谢优势导致收缩结构改变"的论断，为阐明收缩蛋白的分解代谢（降解、解聚）优势和收缩结构改变的关系提供了实验证据，为认识骨骼肌劳损和阿是穴斜刺治疗骨骼肌劳损的机制铺平了道路。秦长江的免疫电泳的实验结果又为曹老师的论断提供了进一步证明。我们根据对机制的实验研究结果和治疗实践中的体验，把"以痛为腧"的"阿是穴斜刺"发展为"以劳损肌束的最硬点为主疼痛为辅的阿是穴斜刺"。

我在学习用阿是穴斜刺为骨骼肌劳损患者治疗的初期逐渐认识到：必须通过在自己大腿前面的股四头肌进行针法练习，才有可能准确控制针的走向，做到准确针刺以后，才可以应用这一针法为患者进行治疗，以保证患者的安全和疗效。在为患者治疗的开始阶段，先从治四肢

（臂、腿）的骨骼肌劳损开始，通过这一阶段的诊断和治疗的实践，提高了准确诊断的能力，熟练了针法，做到了准确地刺进劳损肌束的最硬点，注意避开重要的神经和血管，保证安全和疗效以后再把治疗的范围扩大到臀部和腰部，注意不可误刺肾脏；在把治疗范围扩大到上背部时，要特别注意不可误刺到肺。因此，我大约是在学针十年以后，才敢接触肩部斜方肌肌束劳损的治疗，颈部开始只接触后部和后外侧表层的肌肉，后来改用指针法结合放松功，在细、慢、深、长的呼气阶段通过意念控制肌肉放松以使骨骼肌结构恢复正常，效果也很好；颈部肌束僵硬的就不针刺治疗了。以上内容只是我个人学针的经历和体会，提醒大家：阿是穴斜刺针法是我国传统医学的宝贵方法，对治疗骨骼肌劳损有疗效高、见效快、疗程短、疗效持久稳定、操作简便、费用低廉等突出优点，但一定要精准到只刺中劳损肌束的最硬点，避免误刺到重要的神经、血管以及其他的重要器官！写在这里，谨供参考！

二、阿是穴斜刺对针具消毒的要求

由于劳损的肌束会变成程度不同的僵硬条索，因此，斜刺使用的针具要不锈钢制、粗一些（26 号毫针，直径 0.52mm；23 号毫针，直径 0.60mm）、硬度高、弹性好，针尖已由突然变尖改为逐渐变细、变尖。针的长度：主要用 1.5 寸、2.5 寸和 4 寸三种，对脂肪层薄的浅层肌肉可以考虑 1.5 寸针，对特别肥胖的患者，深层的肌肉治疗可能需要 6 寸针；针具有不带塑料套管和有塑料套管两种。

手的消毒：由于治疗时手要持针和接触患者皮肤，因此取针前要把双手清洗干净，并用 75% 酒精消毒；患者的进针点酒精消毒；然后取针、准备进针。

三、阿是穴斜刺的针法

（一）进针点的选择

在确诊患者的症状是由于肌肉劳损引起的，根据患者的主诉、对于主要运动障碍的肌肉工作分析和触诊的结果，明确主要受损肌束最硬、最痛点的位置，沿肌束的长轴，选取离最痛点有适当距离处为进针点。

浅层肌肉的进针点离最痛点比较近，深层肌肉的进针点离最痛点的距离就比较远。

一般情况下，进针点要选在肌束最硬或最痛点的近心端，也就是说进针以后针是从进针点刺向离"心"更远的方向刺进最硬或最痛点。

在大腿、上臂和前臂的上部可以把进针点选在肌束最硬或最痛点的近心位置、从近心刺向远端的最硬或最痛点；个别少数的肌肉，例如：阔筋膜张肌、斜方肌，就需要（也可以）从远心端刺向近心端的肌腹或最硬、最痛点。

对肩部的三角肌，如果患者可以坐在椅子上接受治疗，进针点都选在最硬或最痛点的上方，从上向下斜刺。

对颈部外侧和后面的浅层斜方肌条索、背部和腰部的竖脊肌的进针点，一般都是选在最硬或最痛点的上方。

对斜方肌的针刺治疗，由于斜方肌是处于皮下浅层的肌肉，肩部斜方肌劳损肌束的进针点都是选在最硬或最痛点的远心端，进针点都取得离最硬或最痛点比较近。同时要特别注意：由于斜方肌是从颈部斜行向下终止在肩胛骨上、肺尖大约是在肩部皮下 3cm 的地方，因此，进针过皮以后需要下压针柄使针沿斜方肌平行方向——向内、向上，触到肌束最硬点表面以后，术者用拇指和食指拿住针柄、中指指尖顶住针体持针，手保持着这一姿势略向前移以加大针体和肌束的角度，略微用力刺入肌束的最硬点即可，万勿透刺。针尖刺进肌束的最硬点后，下压针柄使针在肌束内略向内向上前移即可，不可透刺。这时患者会感到酸胀、肌束就会变软，效果显著。

其他肌肉治疗时的进针点选择，将在对这些肌肉的治疗部分具体说明。

（二）阿是穴斜刺的针法

1. 进针

用没有塑料套管的针具进针：由于斜刺所用的针比较长，一般人刺浅层肌肉或腰部肌肉可用两寸半针、臀部和大腿用四寸针、肩部条索较短用一寸半针；有些运动员或较胖的患者用针相应还要长些。

持针和进针过皮：持针手的拇指和食指拿住针柄，用另一只手的拇指和食指拿住距离皮肤1cm左右处的针体，注意两手协同保持针体和皮肤表面垂直，并协同用力垂直向下突刺。要控制突刺的力量，既要保证过皮，又不可过皮后刺入过深导致改变针的倾斜角度发生困难。如果出现过深就需要把针抽回皮下疏松结缔组织层后再倾斜针体，继续进针。

用带塑料套管的针具进针：从包装中取出针具。这种针具包括塑料套管和管里的针，针比塑料管略长一点。针柄端卡住针柄的长三角形的塑料小卡片的作用是固定针柄，保证针不会从套管里滑掉。取针时，首先要注意用持针手的拇指和食指拿住卡片和针柄、针管保持水平并使针柄端略低于针尖段，以避免取下卡片时针从套管滑落；然后，持针手把卡片和针柄从套管抽出，松开卡片，把卡片落在桌子上，这时持针手要用拇指和食指同时捏住套管和针柄，辅助手的拇指和食指拿住距离套管针尖端的中下部，两手协同把套管的针尖端移到进针点的皮肤表面。要特别注意，一定要使套管和针垂直于进针点皮肤平面（如果套管倾斜，针尖就会斜行进入皮肤；在针尖斜行穿进皮肤的情况下，继续垂直下压针体时，就很难让针尖穿过皮肤，还可能引起明显的疼痛并给调整进针方向增加困难）。辅助手保持套管垂直于进针点皮肤平面，持针手用食指垂直向下轻轻叩击针柄头，待针尖垂直刺进皮肤后，用辅助手把针管从针柄上端取出的同时用持针手的拇指、食指和中指拿住针柄，辅助手用中指、无名指和掌心握住针管，同时用拇指和食指拿住针尖进皮后距离皮肤表面1cm左右的针体下端和持针手协同保持针体垂直。如果叩击针柄后针尖还没有刺过皮肤，两手协同适当用力垂直下压，使针尖垂直过皮。由于皮下的疏松结缔组织对针的阻力较小，刺入皮肤后阻力突然减小，提示针尖已经过皮。但要注意过皮后避免刺入过深而使改变针体的倾斜角度发生困难。

持续进针：从过皮后到刺入较硬肌束条索的方法和注意事项。

在进针过皮后就需要了解针尖的方向，用持管手的拇指或食指轻轻地放在进针点前方的皮肤上，帮助感觉和检查针尖的指向，"轻触"在进针点前皮肤上的手指可以清晰地感觉到针尖指向的各种改变；当感到针尖是按照预期的方向对准损伤肌束的最硬或最痛点时，就可以继续进针，使针尖接触肌束；如果感觉指向已经偏斜、针尖已经刺入较深，就必须把针尖缓慢地退回到接近进针点的皮下疏松结缔组织层或脂肪层中，重新调整针的指向；持针手把针柄拉向术者身体方向时，针尖指向就会向外移动；把针柄向外推时，针尖指向就会内移；持针手把针柄垂直下压时针尖就会向上；持针手用拇指和食指拿住针柄、中指尖顶住针体，注意使整个手和前臂沿进针方向向前平移，可以使针尖向下。进针过皮后，需要根据肌束条索在皮下的层次深浅，持针手的拇指和食指拿住针柄、中指顶住针体、持针手水平前移，使中指到皮肤表面的针体适度地倾斜并与皮肤保持适当的角度、以保证针能在皮下斜行准确地刺入肌肉。

2. 留针

在一般情况下不需要留针。在针尖触到肌束的最硬点后，需要再一次用持针手的中指顶住针体并保持手微向水平前移、加大针尖和肌束最硬点表面的角度，然后稍微用力使针尖刺入最硬点后，撤回中指，再使针沿肌束走向略向前移但不可透刺。在一般情况下，当针刺入正常的肌肉时，只会感到针从肌肉中穿过，不会出现任何酸胀感觉；但当针刺入劳损的肌束时，肌肉立即感到不同程度的酸胀即停止进针。当患者出现酸胀感觉以后就可以把针退到皮下，然后触诊复查，将会发现：条索明显软化、压痛消失。因此，当患者接受针刺出现酸胀感觉后，即可退针、不需要留针。上述的观察结果也可以看出：针刺后患者立即感到酸胀，反映已经刺中了劳损的肌束；症状的缓解反映劳损肌束的结构和功能出现恢复。

只有当刺入特别僵硬的肌束后，退针时有明显的滞针现象时，需要留针。待针感随留针的时间延续而逐渐缓解减轻，再分段逐步把针完全退出。在留针期间，不需要任何附加手法。

在皮肤较厚的部位进针时，如果针在皮肤中倾斜、穿过皮肤的距离过长就会出现持续不缓解的酸胀感觉，在这种情况下，就需要把针退到皮内，然后垂直刺过皮肤，这一现象就会消失。

3. 退针

退针时，保持进针时针体的倾斜度把针退到皮下，触诊原痛点及其邻近部位。如果原压痛点消失，而它的邻近部位仍有比较明显的僵硬条索和压痛，可以用合谷刺针法改变进针方向，针刺其他仍有症状部位，等邻近部位症状都得到缓解或消失以后，就可以把针完全退出。

如果在针刺后患者感到酸胀，退针到皮下以后，经触诊复查发现原有的僵硬条索仍然存在僵硬、酸胀感觉，说明前一针刺可能是刺中了原定目标附近的其他肌束。因此，需要调整针的指向，争取准确地刺中原定的目标。因此，在退针的时候，用辅助手的拇指放在进针点前，轻触皮肤，帮助感觉和检查针的走向。了解进针和退针时针的走向，有助于调整针体走向、促进准确针刺的能力提高。

4. 出针

在退针后如被刺肌肉仍有残存的酸胀"针感"，这种情况反映：在已经针刺的肌束附近可能还有其他的劳损肌束。在这种情况下，如果患者的承受能力较强，就可以通过触诊检查那些在原痛点附近的肌束，继续进行治疗。患者在治疗后出现近似症状时，重复触诊原已诊治的肌束，如果确系原有肌束症状尚未完全康复，可以考虑重复治疗，但有时近似症状是由邻近未经治疗的肌肉引起的。无论是哪一种原因，是否在同一次治疗中进行，一定要根据患者的身体情况和承受能力确定！如果患者承受能力较弱或本次针刺治疗已经结束，可以用指针法按压尚未针刺的肌束、辅之以细慢深长的腹式呼吸的呼气阶段通过意念促使结构恢复，可能会使这种"酸胀感觉"得到缓解。

出针后，让患者重复治疗前的动作，对比观察功能恢复的程度，并记录疗效。

（三）提高阿是穴斜刺治疗骨骼肌劳损的疗效的注意事项

从 1975 年到 1993 年，我和张志廉所治疗的全部 819 个病例的统计结果：痊愈率为 65.86%、显效率为 29.77%、好转率为 3.91%。从 1986 年到 1989 年，近 4 年的全部 315 个病历的统计：1～3 次治疗治愈的有 188 例、显效 102 例，共 290 例，占全部病例的 92.06%。40 多年来我们的治疗实践结果表明：在保证安全的条件下通过准确诊断和准确针刺，用阿是穴斜刺治疗不同年龄组的患者在运动锻炼、工作劳动、日常生活中的慢性和急性肌肉损伤都有很好的疗效，这一疗法具有疗效高、见效快、疗程短、疗效持久稳定、费用低廉、操作简便（不需附加热、电、药物、手法）等突出优点。由于阿是穴斜刺主要是通过迅速恢复加强收缩蛋白的组装合成等过程促进收缩结构和功能恢复、疼痛缓解，因此这一疗法具有稳定、持久的疗效，而不是一时性的麻醉、镇痛作用。

（四）保证阿是穴斜刺治疗效果需要注意的问题

包括：保证安全第一；准确第二：包括准确的诊断和准确的针刺；已刺勿劳第三；对于患者损伤情况的了解以及在接受治疗后的反应等众多因素。

1. 必须把安全放在第一位

患者对针刺会有恐惧心理，要消除患者的恐惧心理，首先要使患者对这一疗法有安全感。要使患者了解阿是穴斜刺虽然过皮时会有些疼痛，但不会损伤肌肉，反而能促进肌肉的结构恢复正常。斜刺所用的针比直刺要长些是因为针要斜行刺入损伤的肌束，针的长短取决于肌肉层次的深浅，针刺深层的肌肉自然要用长一些的针。要使患者知道针是经过消毒处理的，一次性使用，不会发生交叉感染。要了解并根据患者的身体情况和心理状态进行治疗。要解决上述的各种问题，必须以确切的疗效作保证，并遵从患者的具体情况和针灸的各种禁忌，以保证安全。

为保证安全，我们必须学习许多有关的知识：包括需要熟悉人体的解剖学结构和功能，熟悉人体的肌肉、骨骼、关节、神经、血管和各个重要器官、系统的结构和功能的基础医学知识；尽可能地了解、熟悉人们在成长发育、日常生活、学习工作、文娱体育等各种活动中的动作结构、工作性质、活动强度、持续时间等；还需要通过学习哲学、学习《实践论》和《矛盾论》以及其他有关提高我们认识事物客观规律能力的哲学著作！学习外语有助于了解其他国家的研究成果。

2. 准确第二

在保证患者安全的基础上，要求医生既能做出准确的诊断，又能准确地刺中劳损的肌束。准确的诊断是保证治疗效果的前提，如果没有准确的诊断，即使有很好的治疗方法，也不可能获得有效的治疗。为了准确的诊断，我们需要学习、了解和人体骨骼肌结构、功能有关的知识，这一方面，第三章中的内容供大家参考。

怎样才能做到"准确的针刺"？

我在学习阿是穴斜刺针法的时候体会到："在自己的大腿股四头肌反复练习是提高准确针刺能力的必经之路"。

在准确的诊断之后，针刺的效果则取决于是否准确地刺中劳损肌束的最硬点。所以，斜刺针法对针具提出了一定的要求：斜刺肌肉所用的针具针体要粗一些，针体过细时，进针后很难控制针的走向。我们所用的针直径 0.53mm，略粗于直径为 0.52mm 的标准 26 号针，针体的强度和弹性要好，针尖应比较锐利。过去的针尖在针的末端突然变尖刺进僵硬的肌束时阻力较大，有公司将针尖的制作从末端迅速变尖改进为离末端还有一定的距离开始到尖部逐渐变细直到末端变尖，这一改进明显地减小了进针的阻力（图4-1-1）。对于非常僵硬的肌束，用 23 号直径 0.60mm 的针效果较好。

经过了 40 多年使用这种针具治疗，最近想到：如果能用直径 0.56mm 的优质钢丝制作成 1.5 寸、3 寸和 5 寸针具就不用制作 26 号和 23 号两种型号的针了。期待着这一建议能够得到针灸针制造业的支持！

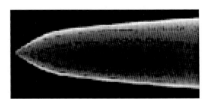

要能够保持进针后针的走向，提高控制针在肌肉内的走向的能力，"在自己大腿的股四头肌反复地进行练习，

图 4-1-1　两种针尖对比

这一步十分重要"。因为，我开始练习斜刺针法的时候，曾经用过沙包、猪肉、牛肉，效果都不好。出于无奈，我就在自己大腿的股四头肌上练习这一针法。当我用针刺入正常的肌肉时没有任何酸胀的感觉，能够清晰地感觉到针在正常肌肉里穿过，再加上通过放在进针点前面皮肤上的手指感觉控制针柄和针体的方向调整针的走向。经过在自己身上的反复练习，能有效地提高控制针体走向的能力，做到准确针刺之后再给患者施治，既可以减少患者的痛苦，又可以提高治疗的效果。

进针时调整针尖的指向对于刺准是很重要的。针尖指向的调整主要在皮下的疏松结缔组织范围内进行，针尖刺入脂肪层后虽仍然可以改变针尖指向，但比较困难。如果已经刺入较深调整困难的时候，可以缓慢地把针退到皮下疏松结缔组织层内，重新进针。

医生在为患者治疗之前，必须在自己大腿前面的肌肉上反复进行这样的练习，是有效地提高自己准确针刺能力的必经之路。当调整到沿肌肉长轴正对最痛点时，按预定的角度推进使针尖准确地达到劳损的肌束。当针尖触到较硬的肌肉条索时，持针手会感到阻力增加，但也会感到针尖在筋膜上滑行而不能刺入肌肉。在这种情况下，为能使针体斜行刺入肌束的最痛点，需要持针手用拇指和食指拿住针体、中指尖顶住针体，持针手向进针方向前平移，使针尖指向肌束表面，然后以拇指和食指略用力送针，使针尖刺破筋膜进入劳损的肌束，针尖刺入损伤的肌束后将中指撤回，继续刺入受伤肌束的最硬点。切记，只需刺入损伤肌束之中，不要透刺。当然，就是在已经比较熟练地掌握进针技术之后，也同样要抓住每一次治疗进针的机会改进自己的进针技术，不断提高进针的准确性。

我自己的体会：我们在已经具备准确针刺的能力开始为患者治疗时，需要从四肢骨骼肌劳损开始，逐步过渡到腰、背，再上到肩、颈；颈部骨骼肌劳损我也仅限于后部和后外侧部浅层肌肉！这仅仅是一点体会，供大家参考，千万不可粗心大意！

3．第三 "已刺勿劳"

要提请医生和患者本人一定注意"已刺勿劳"！

首先，在对某一劳损的肌肉进行阿是穴斜刺治疗的过程中，在确认损伤没有完全恢复之前，必须停止和劳损肌肉有关的一切动作的训练活动，直到确认结构和功能完全恢复正常。必须保证患者在治疗期间停止一切和导致劳损有关的骨骼肌活动，损伤痊愈后，根据康复后的实际工作能力，包括所能完成动作的活动强度、重复次数、休息间隔等的实际水平，适度活动、劳逸结合、循序渐进、逐步提高；切忌急于求成、重蹈覆辙！

在针刺治疗之后 1 ~ 2 天内要注意休息，因为：阿是穴斜刺虽然能够迅速恢复收缩蛋白分子合成、恢复肌原纤维的结构、软化条索、改善收缩伸展功能，但肌节的长度、明带甚至暗带宽度也没有完全恢复，是否能够一方面注意控制活动的数量和强度，另一方面通过相应静力牵张伸展练习促进参与活动的肌肉结构和功能的完全恢复和提高。有的患者主要劳损肌肉已经恢复、较轻的劳损肌肉还需继续治疗，同样需要停止和这些尚待治疗、痊愈肌肉有关的训练，直到全部劳损的肌肉完全治愈、康复后，还需要注意根据伤后由于活动受限导致身体功能降低的实际情况循序渐进、适当调整、逐步增加活动，避免老伤未愈、又添新伤！

4. 提高疗效的其他注意事项

（1）要了解患者：在诊断和开始治疗前要了解患者，既要了解肌肉劳损情况，也要了解患者有没有其他疾病和治疗情况；治疗时及时注意患者的反应；治疗后注意保持与患者的交流。要根据患者的身体情况和承受能力适度的确定针刺数量：在治疗过程中，原痛点经针刺疼痛消失后，其邻近部位又有较强痛点出现，似乎是痛点游走。这可能是受伤所涉及的部位较多，疼痛的强弱程度不同，强痛部位对其他部位的疼痛有掩盖作用，当强痛点的劳损恢复正常、疼痛消失之后，较弱的痛点就显现为主要痛点。因此，在针刺之后，通过触诊检查、观察功能恢复情况以及患者主诉，继续给予其他痛点以斜刺治疗。每次治疗需要据患者的体质及病情，对不同数量的痛点进行治疗，要根据患者的身体情况和承受能力，既可防止意外，又有利于提高治疗效果。

（2）**选择适当的针具**：我们在治疗时选用的针具比标准的 26 号针略粗一些（参看前文对针具的要求），针的长短选择依针刺的部位和患者的胖瘦等具体情况而定，用 1.5 寸、2.5 寸、4 寸、6 寸不等，最常用的是 1.5 寸、2.5 寸和 4 寸。

（3）**治疗时要使患者采取适当的姿势**：有时以使患者的肌肉放松为好，有时则主要使损伤的肌肉易于接触为宜。例如：对臀中肌诊断和治疗时，患者侧卧，面向医生；患侧腿在上、屈髋屈膝、大腿向下使膝踝平稳地放在治疗床上；健侧腿在下、膝微屈、略向后伸；这样的侧卧姿势有利于臀部肌肉的触诊诊断和治疗。此外，要根据患者的身体机能和心理状态采取卧位或坐位。如患者身体情况较好，又不怕针刺，在治疗腰肌劳损时就可以考虑采取坐位，背向医生；而对于体质较弱又惧怕针刺的患者，则宜采取卧位俯卧。不同部位的治疗都需要患者和术者采取适当的姿势和位置等。

（4）**禁忌**：斜刺阿是穴治疗骨骼肌劳损的禁忌和其他针刺治疗的禁忌相同，绝对不要勉强患者接受针刺治疗等等，千万不可掉以轻心。

避免患者在空腹、过度劳累、身体虚弱、情绪不好、害怕扎针以及其他容易引起情绪激动的条件下进行针刺治疗，牢记针刺治疗的禁忌，以避免给患者带来不应有的身体和心理上的负担。有人认为：进行针刺治疗时，发生晕针的治疗效果比不晕针的好。这种说法，不可轻信。医生的职责是为患者解除痛苦，应该尽可能地避免发生晕针，以免给患者带来身体不适和再也不敢扎针的心理障碍。

（5）**进行治疗时要注意区分主次**：有时要注意功能障碍的主次，有时在出现某一功能障碍时会涉及一组肌肉，在这种情况下就要找出对这一功能障碍影响最大的主要肌肉首先进行针刺治疗。例如：如果患者骨盆侧倾同时伴有脊柱侧弯，这时的脊柱侧弯很可能是骨盆侧倾的继发症状，在这样的情况下，首先针刺髂嵴提高一侧的腰方肌使骨盆复位，脊柱侧弯也会随之消失，又需要检查侧弯对侧的髂肋肌等，如果发现劳损僵硬疼痛症状，如果患者身体情况允许，可以继续治疗。又如在所谓"肩周炎"的治疗中，如上臂旋内困难，冈下肌和小圆肌同时发现明显压痛的僵硬条索时，首先针刺冈下肌，然后针刺小圆肌，可以获得较好的疗效；冈下肌和小圆肌相比，体积较大，对上臂旋内的功能障碍有较大的影响，如果仅仅针刺小圆肌，忽视了对冈下肌的治疗，可能导致患者在针刺小圆肌后有症状加重的感觉。因此，在遇到同时有多处肌肉损伤或是不止一束肌肉影响导致某一功能障碍时，需要注意区分主次先后，逐一治疗，才能获得更好的治疗效果。

（6）交流与随访：在治疗过程中和患者的交流以及治疗后的随访是保证和提高治疗效果的重要因素。

用阿是穴斜刺针法治疗骨骼肌劳损要在针感消失或基本消失以后退针，因此，医生需要及时了解在进针以后患者的针感变化的情况，及时了解针感是否缓解，才能适时、适当地进行下一步的治疗。

患者在接受针刺以后的反应同样是决定医生下一步采取什么措施的依据：由于用阿是穴斜刺治疗肌肉损伤见效很快，常常在几秒钟就能见到治疗效果。因此，医生要在每一针刺后触诊原痛点，及时了解患者的反应，在进行一定的针刺后要求患者重复一下针刺前不能完成或完成困难的动作，倾听患者的反应，这样既有可能增强患者对进一步治疗的信心，又可以为医生如何进行进一步的治疗提供依据。

治疗结束后的随访同样是医生积累治疗经验、改进治疗方案的重要工作。

基于上述的原因，无论是诊断或是治疗和治疗后的随访，和患者的及时交流对提高治疗效果都是非常必要的。有一位医生说过：我们医生的经验是患者给的。这话确实是至理名言。

患者尊敬医生，因为医生为他们解除了病痛的困扰。同样，尊重患者、全心全意帮助患者恢复健康，是医生的本分，医生的丰富经验和纯熟技术都是在患者的协同配合下得到的。

（7）治疗与运动（训练）：骨骼肌受伤后，损伤部位的训练必须立即停止，并对治疗期间的训练内容做适当的调整；运动员负伤后，应以治疗为主，训练应在保证康复的条件下进行；待康复后，需要根据患者的实际承受能力逐渐增加负荷，逐渐恢复到正常训练。不然，受伤之后，仍然要求"以训练为主""以治疗保证训练"，则极易导致伤情加重，持久不愈。因此，必须注意训练和治疗的配合，注意调整训练安排，才能收到最好的治疗效果，以保证运动员的健康和运动能力的提高。要达到这一目的，必须提高体育工作（包括竞技体育和群众体育）领导者的认识，并培养一大批既懂体育运动又懂医学的医生。劳动者在骨骼肌伤后的治疗过程中，同样需要注意劳动和治疗的配合。这一点，如果没有劳动保险的保证和对于熟练劳动技能得来不易的认识以及对人的爱心和同情，是很难做到的。

受伤的肌肉在进行针刺治疗后可以立即观察到症状显著缓解，但切忌在针刺治疗后立即投入紧张的训练、比赛和繁重的活动中。这是因为：以斜刺阿是穴治疗肌肉损伤，在针刺入肌肉以后即刻就会引起一个快速的恢复过程，在很短的几秒钟的时间内使肌肉僵硬缓解，疼痛消失。但在这时，肌肉的结构和功能水平由于损伤期间活动减少而下降，并没有完全恢复到受伤前的最高水平，因此，伤后的恢复训练要特别注意根据患者的能力适度增加数量或强度、劳逸结合、循序渐进、逐步提高。

屈竹青在动物实验的观察结果表明：动物肌肉经过3小时电刺激之后再放置3小时，在电子显微镜下可以观察到肌肉会呈现明显的延迟性结构改变，放置24小时

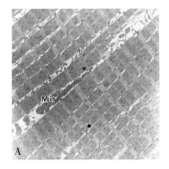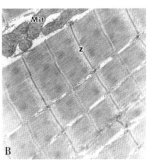

图 4-1-2　蟾蜍去大脑后 24 小时腓肠肌纵切电镜图片

的延迟性结构改变会更加显著。但在经过3小时电刺激之后立即进行斜刺，留针两分半钟后退针，放置3小时后，在电子显微镜下观察，和没有针刺的肌肉样品相比，经针刺的样品的收缩结构呈现明显恢复，但并没有达到完全恢复；针刺后24小时的样品在电镜下观察到了肌肉收缩结构的完全恢复。（见图4-1-2、图4-1-3、图4-1-4）

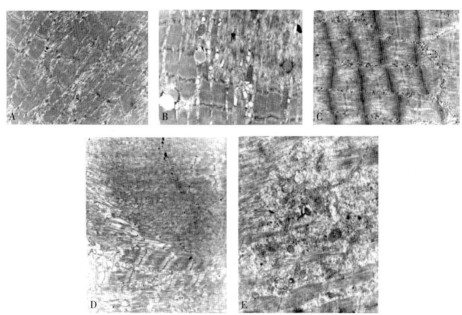

A. 肌原纤维局灶性紊乱，Z 带扭曲，可见高电子密度肌浆网（SR）；B. Z 带破坏；C. 大量收缩带；D、E：延迟 24 小时腓肠肌纵切图片［D. 大面积肌丝紊乱，出现挛缩结（contracture knots）；E. 肌丝溶解，肌浆网、线粒体肿胀、变性］

图 4-1-3　延迟 3 小时腓肠肌纵切图片

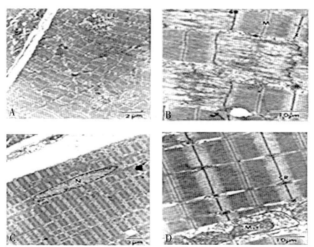

A、B：针刺后 3 小时纵切图片，仍有部分肌节肌丝在恢复中
C、D：针刺后 24 小时纵切图片，显示结构完全恢复正常

图 4-1-4　针刺对蟾蜍腓肠肌延迟性结构变化的影响

这组实验结果一方面反映出，在退针以后仍然可以观察到针刺促进收缩结构恢复的后作用；另一方面综合临床和动物实验的观察结果可以看出，针刺在促进肌肉收缩结构恢复的过程大体上可以区分为两个阶段：一个是针刺后即刻出现的症状显著缓解的快速恢复阶段，但在这一阶段肌肉的结构和功能还没有达到完全恢复；相继而来的是一个延续时间较长的、比较缓慢的完全恢复过程，至于这一过程究竟还需要多长时间，需要进一步研究确定。

肌肉受伤后，由于结构改变和活动减少，必然导致结构减弱和功能下降。因此，即使经过针刺治疗后损伤的肌肉结构完全恢复正常，肌肉的结构和功能已经不是原来的最高状态，而是处于较弱、较低的水平。因此，伤后的恢复训练和各种肌肉活动，必须做适当的调整，以实际较低的水平为起点，逐步提高，在这些肌肉的结构和功能恢复到原有的最高水平以后才可以进一步提高工作负荷，否则在经过治疗后急于加大工作负荷，极易导致重复损伤。

在针刺治疗后，虽然已有显著恢复但并未完全恢复的情况下，大负荷的肌肉工作往往导致重复损伤，反映了《灵枢经》中所指出的"已刺勿劳"的重要。

以上就是我们为什么一再强调伤后训练要注意调整，"已刺勿劳"，逐步提高的原因。由于针刺治疗后即刻肌肉的结构与功能并未完全恢复，或是由于受伤被迫减量而引起肌肉的功能消退，在针刺治疗后不能立即投入紧张的比赛或训练。如果急于进行负荷较大的工作或参加比赛，导致重复损伤，这种重复损伤往往不是短期可以治愈的。这样就会给后继的训练、劳动和工作带来更大的损失。

（五）针刺对肌肉结构和功能变化影响的后作用和治疗之间的时间间隔

在临床治疗过程中会发现这样的现象：有的患者在针刺后虽有显效，症状却并没有完全消失，但经过一段时间，也没有接受其他治疗，伤情自愈；也有少数的患者，在经针刺治疗后的第二天可能出现症状加重，但第三天会显著好转。这一现象的原因还不清楚，可能反映了针刺具有调整结构与功能恢复的后作用或是个体对针刺的反应特点。因此，需要多次治疗的病例，两次治疗之间，给予 1 ~ 2 天的间隔，可能效果更好。但如果患者在第二天症状显著减轻，并未出现症状加重，或者在第二天对其他肌肉进行针刺治疗，也可以考虑每天进行针刺治疗；但在这种治疗时需要注意患者的整体反应，及时调整！

斜刺治疗肌肉损伤虽有疗效高、见效快、疗程短、费用低、简便易行等突出优点，但也有不足之处。例如：

每一肌束损伤都要刺一针，如果损伤的肌束比较多，就要扎很多针，按照目前的治疗方法，先选主要损伤肌肉的最痛点，再治疗次要较轻的痛点，一针一针地扎，针刺以后还要让患者活动一下以观察治疗效果和决定下一步怎样治疗，这样就很费时间。能不能同时针刺几个损伤的肌束？同时针刺几个损伤的肌束，患者能不能承受得了？各针刺点之间有没有相互影响或干扰等问题都还需要进一步研究解决。

又细又硬的小肌束很难扎准，进针后改变针的走向比较困难；有的患者怕针，怕交叉感染，或者怕疼。怕扎针会引起交叉感染比较容易解决，只要使用前严格清洗消毒，一次性使用，就完全可以避免交叉感染。怕疼怕针的恐惧心理就需要耐心地做些说服工作，但绝对不要勉强怕针的患者接受针刺治疗。

最后还要提一下的是斜刺阿是穴治疗肌肉损伤可能含有一些不十分安全的因素，例如：斜刺过皮后比较不容易控制针的走向，必须了解人体的结构并具有能够控制针的走向的能力才能安全有效地进行治疗。通过在自己身上反复认真地练习并且在临床治疗过程中不断地总结经验，提高控制针的走向的能力是完全可以做得到的；与此同时，还要不断提高对人体结构的认识，这两方面能力的增强必然可以提高针刺治疗肌肉劳损的安全性和治疗效果。然而，颈部、胸部、背部都有一些不能误刺的重要结构，如果不具备控制针的走向的能力就有可能扎到不应该刺中的部位。因此，我们应该在尽一切努力保证患者安全的同时，还需要考虑寻求其他安全有效的治疗方法（例如指针法等）。

四、阿是穴斜刺治疗骨骼肌劳损的疗效

我国传统医学中以阿是穴斜刺针法治疗骨骼肌劳损具有疗效高、见效快、疗效持久稳定、疗程短、费用低、操作简便等突出优点。

对于肌肉劳损的治疗，甚至在一些医学科学相当发达的国家也仅限于止痛、休息、按摩、理疗、手术等，缺乏疗效高、见效快、简便易行的治疗方法。

用针刺治疗肌肉损伤早在两千年前《灵枢经》中就已有记载。在《经筋第十三》载有：无论哪一经筋的肌肉痹证在治疗时都要"以痛为腧"，即都要取"阿是穴"。至于针法，在《官针第七》中载有"分刺""浮刺""合谷刺"。"分刺"是为适应九种不同的病变所采取的九刺方法之一，"分刺者，刺分肉之间也"。《类经》十九卷第五注："刺分肉者，泄肌肉之邪也。""浮刺"和"合谷刺"都是斜刺。在《经筋第十三》中指出："治在燔针劫刺。""燔针"，就是火针，要把针烧红刺入相应的部位。"劫刺"，即速进疾出。但后面提到用火针治疗寒痹证的应用时又指出：火针是用来刺治因寒而筋急之病的，若因热而经筋弛缓，就不能用火针了。在这里已经指出了要根据不同的病情使用不同针刺方法。

阿是穴斜刺、燔针劫刺的方法传至现代，经赵继祖医生的介绍，我们学习了山西一位老中医用阿是穴斜刺温针的方法治疗骨骼肌损伤，有很好的疗效。我们学习了这一方法，并在实践过程中发现：仅仅使用阿是穴斜刺，不用温针，只要能够准确地把针刺入损伤的肌束条索的最硬点，就能使疼痛缓解或消失，肌肉的收缩和伸展功能就可以显著恢复。自此以后，我们就用阿是穴斜刺，留针期间不需附加任何手法（针感消失以后退针），不留针，这一简化了的针刺方法治疗骨骼肌损伤，取得了很好的治疗效果。

五、斜刺阿是穴对骨骼肌损伤的治疗作用的突出优点

（一）疗效高

对于不同年龄的运动员的急性或慢性损伤都有很高的疗效。我们

从 1975 年到 1993 年 4 月 870 例的全病例统计的治疗结果介绍如下：

1. 一般情况

在 870 例患者中，多数为运动员，少数为一般人。年龄：12 ~ 89 岁。大部分的骨骼肌劳损是在运动过程中发生的，少部分为体力劳动或日常生活过程中致伤。受伤各部位的肌肉包括：斜角肌、头夹肌、竖脊肌、腰方肌、梨状肌、臀中肌、股方肌、髂腰肌、股四头肌、阔筋膜张肌、股后肌、大腿内收肌、胫骨前肌、腓肠肌、比目鱼肌、趾长屈肌、腓骨长肌、腓骨短肌、胸大肌、三角肌、冈下肌、小圆肌、大圆肌、肱桡肌、前臂屈肌等，既有急性拉伤，也有慢性劳损。损伤的程度除个别病例为肌肉部分断裂外，都是属于中等或轻度损伤。其主要症状为肌肉僵硬、并伴有明显的运动功能障碍和压痛。

2. 疗效的评定

根据治疗前后的触诊检查、自觉症状和功能恢复的情况，把疗效分为：痊愈：针刺后自觉症状全部消失，肌肉功能完全恢复；显效：自觉症状显著缓解，肌肉功能基本恢复；好转：自觉症状有一定程度的缓解，肌肉功能也有一定程度的恢复；无效：针刺前后无变化。

3. 疗效统计结果

（1）1975—1993 年以斜刺阿是穴治疗骨骼肌损伤 870 例的疗效统计结果（表4-1-1）：

表 4-1-1　斜刺阿是穴治疗骨骼肌损伤的疗效统计表（1975—1993 年）

日期	例数	痊愈 /%	显效 /%	好转 /%	无效 /%	作者
1975—1981	140	84.28	14.29	0	1.43	卢鼎厚
1978—1985	303	62.37	30.36	7.27	0	张志廉
1986—1989	315	63.17	35.24	1.59	0	卢鼎厚、张志廉
1989—1993	112	59.82	32.14	6.25	1.79	卢鼎厚
1975—1993	870	65.86	29.77	3.91	0.46	

从表 4-1-1 的统计结果可以看出，870 例患者中，有 573 例痊愈，占总例数的 65.86%；显效 219 例，占总例数的 29.77%。

上述的统计结果表明：这一疗法的疗效是显著的。比较我们在表

4-1-1 所列的各个组治疗结果或在不同时期对同类病例的治疗，都显示出以斜刺阿是穴治疗骨骼肌劳损确有很高的疗效。

（2）斜刺阿是穴对急性或慢性骨骼肌损伤的治疗同样有效：从1985—1991 年和1991—1993 年两阶段用斜刺阿是穴治疗急性和慢性骨骼肌损伤结果统计可以看出，这一疗法对急性和慢性骨骼肌损伤同样有很高的疗效（表 4-1-2、表 4-1-3）。

表 4-1-2　对 100 例竖脊肌损伤中急性和慢性病例的疗效比较（1985—1991 年）

损伤类别	例数	痊愈		显效		无效	
		N	%	N	%	N	%
急性	81	43	53.09	36	44.44	2	2.47
慢性	19	12	63.16	6	31.58	1	5.26
总计	100	55	55.00	42	42.00	3	3.00

表 4-1-3　斜刺阿是穴治疗中老年腰腿骨骼肌急慢性损伤的疗效统计表（1991—1993 年）

损伤类型	例数	痊愈		显效		好转		无效	
		N	%	N	%	N	%	N	%
急性	45	29	64.4	14	31.1	2	4.44	0	0
慢性	67	38	56.7	22	32.8	5	7.46	2	2.99
总计	112	67	59.8	36	32.1	7	6.25	2	1.79

（3）阿是穴斜刺疗法对不同年龄的运动员或一般人的骨骼肌损伤的治疗同样有效，在不同的程度上帮助他们恢复了正常的训练、工作和生活（表 4-1-4）。我国许多国家队优秀运动员都接受过该疗法。

表 4-1-4　斜刺阿是穴对治疗运动员和一般人竖脊肌腰痛的疗效比较（1985—1991 年）

对象	年龄	例数	痊愈		显效		好转	
			N	%	N	%	N	%
运动员	12 ~ 26	60	30	50.00	27	45.00	3	5.00
一般人	26 ~ 73	40	25	62.50	15	37.50	0	0

从表 4-1-4 的统计结果可以看出，阿是穴斜刺对不同年龄的运动员或一般人急性或慢性骨骼肌损伤同样都有很高的疗效。

（二）见效快

一般最快可以在针刺后几秒钟、十几秒钟、几十秒钟，最长也不过两三分钟左右，就可以观察到酸胀针感消失、疼痛缓解、肌肉的收缩和伸展功能显著恢复。

（三）疗程短

用斜刺治疗骨骼肌损伤，不仅有很高的疗效，而且只需较少的治疗次数。在 1986—1989 年间的 315 例中（见表 4-1-1），199 例痊愈，其中，经 1～3 次治疗获得痊愈的有 188 例，占痊愈总数的 94.47%；111 例显效病例中，只经 1～3 次治疗即获得显效的有 102 例，占显效总数的 91.89%。这样，经 1～3 次治疗获显效以上疗效的病例共290 例，占总数 315 例的 92.06%。在 1989—1993 年间的 112 例（见表 4-1-1）急、慢性腰腿痛的患者中痊愈者 67 人，只经 1～3 次治疗即获得痊愈的就有 65 人；显效者 36 人，经 1～3 次治疗即获得显效的有 35 人。可见，以斜刺阿是穴治疗骨骼肌损伤，不仅疗效高，所需的治疗次数也较少。

（四）斜刺阿是穴对不同部位骨骼肌损伤的疗效（见表 4-1-5）

表 4-1-5　斜刺阿是穴对不同部位骨骼肌劳损的疗效统计

受伤肌肉	例数	痊愈		显效		好转	
		N	%	N	%	N	%
盆带肌	36	25	69.44	11	30.56	0	0
腰肌	100	56	56.00	41	41.00	3	3.00
大腿肌	113	81	71.68	31	27.43	1	0.89
小腿肌	42	26	61.90	16	38.10	0	0
肩带肌	20	8	40.00	11	55.00	1	5.00
前臂肌	4	3	75.00	1	25.00	0	0
总计	315	199	63.17	111	35.24	5	1.59

从表 4-1-5 所列结果可以看出，斜刺阿是穴治疗肩带肌损伤的痊愈率明显低于其他部位，但显效率却明显较高。这是由于在肩带肌损伤中有一部分为"冻结肩"患者，病史较长，除骨骼肌功能障碍之外，还可能有其他因素影响肩关节的活动。例如：有一位老年中学教师肩关节活动受限，右臂勉强举到水平。经 7 次斜刺治疗后可以上举至 150° 左右。继续针刺治疗，未见进一步改进。原因可能在于三角肌中后部深层细小肌束条索，由于条索过细，疏于发现；后经按摩、牵拉而愈。

（五）典型病例

李某，女，17 岁，短跑道速度滑冰国家队队员。1986 年初，因胫骨前肌僵硬、疼痛，不能上冰训练，经一次斜刺胫骨前肌治疗，肌肉僵硬和疼痛显著缓解，恢复冰上训练。

陆某，国家体操队队员，奥运会冠军。1993 年 3 月训练中臀中肌、股方肌、半腱肌、内收肌等拉伤，右腿仰卧举腿仅能与躯干成 90° 角。经两次治疗后，举腿能力显著恢复，仅在直叉体前屈时仍稍感不适。

吕某，男，38 岁。304 医院基建科干部。1986 年右肩扛工字钢上楼时伤腰。1987 年反复发作。1988 年 7 月就诊时脊柱明显向左侧弯，骨盆沿矢状轴逆时针旋转。就诊前已卧床休息一个多月，只能俯卧。经两次阿是穴斜刺治疗，共刺 8 针，脊柱侧弯消失，体前屈时手几可触及地面，步态正常。1989 年两手各提 25kg 大米一口气走上三楼，无异常反应。1990 年 7 月随访，仍无反复。

詹姆斯先生，美国印第安纳大学体育学院教授，国际著名游泳教练。1988 年 11 月来北京体育大学讲学时，腰痛，睡前如不服用止痛片夜间即会疼醒，坐立转换有一定困难。经五次针刺治疗后，他反映已经好了七八成，经第六次针刺后他返回美国，后来信告诉我们他的腰已非常好了。

上述的结果表明：虽然我们对有些部位的骨骼肌劳损的疗效以及优秀运动员的痊愈率还有待提高，但从总体看，斜刺阿是穴治疗骨骼肌劳损，具有疗效高、见效快、疗程短、费用低、简便易行等显著优点。它不仅适用于运动引起的骨骼肌劳损，也适用于体力劳动和日常生活所引起的骨骼肌劳损，并对各年龄组的急性和慢性骨骼肌劳损都有很好的疗效。

[补充说明] 上述关于疗效统计的内容主要引自 2000 年出版的由我所写的《肌肉损伤和颈肩腰臀腿痛》中文版第一章的的表 1、表 2 和表 3，各有 1 例或 2 例当时接受治疗的个别患者第一次治疗后显著好转、第 2 次复诊"症状反复如初"，我把这样的疗效判为"无效"；回想起来，当时我并没有仔细了解患者在第 1 次治疗后的活动内容、反复过程的细节、反复出现的症状是不是在同一个部位、轻重程度是不是一样？如果继续进行进一步治疗会不会好转或痊愈等，就定为"无效"，实在欠妥！需要引以为戒，继续注意研究、探索正确的答案！实际上，在此后的十几年来，应用于颈部、胸部、背部肌肉损伤的治疗，已经没有出现过这种"无效"的病例了！

六、阿是穴斜刺治疗骨骼肌劳损的作用机制

经过临床治疗观察及多组力竭性斜蹲后针刺腿和未针刺对照腿实验结果证明：

阿是穴斜刺能迅速恢复骨骼肌收缩蛋白将超常肌肉活动所致的延迟性分解代谢优势转化为合成代谢优势的能力，并加强了收缩蛋白的组装合成，使收缩结构迅速呈现显著恢复、肌原纤维的结构和收缩伸展功能基本恢复、僵硬条索软化、疼痛缓解。因此这一疗法具有稳定持久的疗效而不是一时性的麻醉镇痛作用。

此外，由于我们还观察到，针刺后肌原纤维的明带、暗带和肌节长度还没有完全恢复，那么，这种状态需要怎样调整降低针刺后的肌肉活动负荷、能不能用静力牵张伸展练习或者其他的肌肉活动促进肌

节长度的完全恢复，还需要进一步的研究；对阿是穴斜刺促进收缩结构恢复的作用的过程为什么几乎是在针刺后即刻出现和迅速完成的机制也需要进一步研究。

我们的研究成果于 1992 年 6 月通过了以北京协和医院病理解剖专业王德修教授为主任委员、北京医科大学运动医学专业曲绵域教授、北京农业大学植物生化专业阎隆飞教授、中国医学科学院病理专业龚伊红研究员、中日友好医院病理专业王泰玲教授、中日友好临床医学研究所细胞生物学专业赵天德研究员、国家体委体科所运动生理专业郭庆芳研究员、国家体委体科所病理专业吕丹云研究员、清华大学生物与科学技术系生物化学专业曾耀辉副教授为委员的鉴定，1993 年获得国家体委体育科学技术进步一等奖。1993 年出版《骨骼肌损伤的病因和治疗》（纳入"北京体育学院科学文集"丛书）。1996 年在南怀瑾老师的叮嘱和鼓励下开始《肌肉损伤和颈肩腰臀腿痛》的写作，1998 年完成并由我的老同学全如珹帮助译成英文，经李维弘先生的帮助，两书于 2000 年在美国出版。书的出版对于推广应用阿是穴斜刺治疗肌肉损伤的理论和实践起了一定的推动作用。但在写书和以后十几年的推广应用过程中，才逐渐认识我在确定前书书名的时候不仅没有准确地表达我们的工作内容是"骨骼肌劳损"而不是所有的"肌肉损伤"，对症状只提到了"痛"，而没有把"骨骼肌劳损"会使人体完成各种动作活动、包括身体正常姿势出现程度不同的功能障碍等作为关注的重点；我们仅仅是从收缩蛋白代谢变化的角度去探索超过习惯承受能力活动负荷后收缩结构的增强或劳损的规律。当我看到 2006 年 Frederic H. Martiniz 在他们所著的 *Fundamentals of Anatomy & Physiology* 第 7 版第 371–372 页里写道："老年人由于骨骼肌活动减少会导致骨骼肌的肌原纤维数量下降"的时候，才联想到：把李晓楠在 80 年代关于多组力竭性斜蹲后骨骼肌 Z 线的"间断变化"认为是"断裂、损伤"是误解了；在进一步整理她的实验观察结果后发现，有一部分的实验结果，清晰地反映了多组力竭性斜蹲后肌原纤维出现"横向裂变增殖"或"肌节数量增殖"的迹象；为骨骼肌活动可以通过促进肌原纤维数量增多而使肌纤维的结构增强添加了实验证据，使我们对超过习惯负荷的肌肉活动后Z线结构改变的作用有了新的认识，并为进一步实验研究工作提供了线索。可惜的是损失了近40年的时间！这一无法挽回的经验教训，只有今后努力避免重蹈覆辙！

（图4-1-5、图4-1-6）

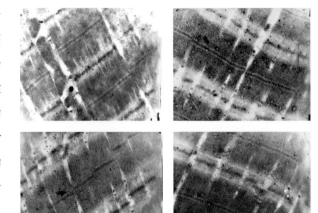

图4-1-5　骨骼肌适度活动导致肌原纤维横向裂变增殖的良性反应

上述的实验结果也促使我们逐步认识到：人们对骨骼肌活动负荷的承受能力是不一样的，必须根据每个人的承受能力进行不同负荷的活动安排，"区别对待"才可能使参与活动的人都能通过参与活动得到增强体质、增进健康的良性结果！

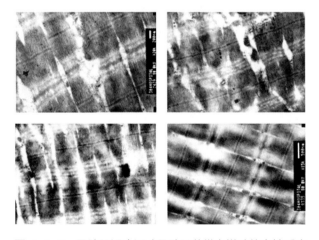

图4-1-6　骨骼肌适度活动导致肌节纵向增殖的良性反应

此外，李晓楠在多组力竭性斜蹲的实验研究结果里，还看到一些骨骼肌肌原纤维肌节结构改变，很像是肌节纵向增殖的初起阶段，需要进一步研究证实。

回首自1973年用阿是穴斜刺治疗肌肉劳损开始，到1998年完成《肌肉损伤和颈肩腰臀腿痛》书稿后到现在，经历了40年的治疗实践和实验研究，在不断地思考过程中才逐渐认识到："骨骼肌劳损"会出现"疼痛"是由于过度地重复超过习惯负荷的活动、收缩蛋白分解代谢优势逐渐积累、失去了自然转化为合成代谢优势的能力导致收缩结构改变程度逐渐积累的结果；从而把"以痛为腧"的阿是穴诠释为"以劳损肌束的最硬点为主、以痛为辅"的阿是穴。

与此同时，我们在治疗肌肉劳损和探索肌肉劳损的病因和机制的过程中还逐步认识到，肌肉劳损的发展，不仅会逐渐引起人体的姿势改变、活动障碍或伴有不同程度的肌肉僵硬和疼痛，还会引起劳损肌肉的止点或起点的骨或关节疼痛；同时给患者带来不同程度的心理压力，给社会带来巨大的经济损失；不仅损害健康，甚至可能危及生命而导致勤劳优秀的人才"积劳成疾、英年早逝"！

通过对上述的实验研究和治疗实践结果的探索，我们对于人体骨骼肌活动的规律有了比较清晰的初步认识，进入人体骨骼肌劳损预防和体育与健康探索的大门。但也联想到需要进一步认识、研究和解决的一些问题，例如：

有的医生提出："既然阿是穴斜刺能够迅速促进收缩恢复，是否可以把它作为一种促进恢复的手段，运动员在训练结束以后，用阿是穴斜刺促进肌肉恢复？"这一设想曲解了阿是穴斜刺的迅速促进收缩结构恢复正常的治疗作用。在通过阿是穴斜刺的作用促进收缩结构恢复正常以后，需要从降低的结构循序渐进地安排训练活动，才能保证结构和功能逐渐恢复到原有的最高水平以后，才能进一步提高！

此外，对每次增加的负荷之后是否还需要一个巩固本次提高成果的重复过程再进行新的提高负荷活动？此外，在2014年整理1980年以后关于阿是穴斜刺对人体骨骼肌劳损的治疗和预防的免疫电镜实验结果时才注意到：阿是穴斜刺虽然能迅速有效地促使肌原纤维收缩结构和功能恢复、疼痛消失，但是有的肌节长度，明带甚至暗带的长度还没有恢复到正常水平！都是需要继续研究和解决的问题（图4-1-7、图4-1-8、图4-1-9）。

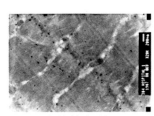
未针刺对照组

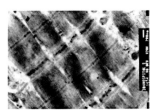
针刺组

图4-1-7　阿是穴斜刺后收缩结构迅速显著恢复、疼痛消失，但肌节和明带长度大多低于正常

上述的实验结果表明：阿是穴斜刺能迅速地促进收缩蛋白的组装合成和收缩结构恢复并不等于收缩结构的完全恢复，这一问题提醒我们需要进一步的研究探讨在收缩结构还没有完全恢复的条件下，后续活动负荷的安排怎样才能保证收缩结构的完全恢复和进一步提高的发展过程；与此同时，也提醒我们：不能因为阿是穴斜刺能够迅速有效地促进收缩结构的恢复，就把这一疗法看作是只促进骨骼肌结构和功能提高的保证，而忽

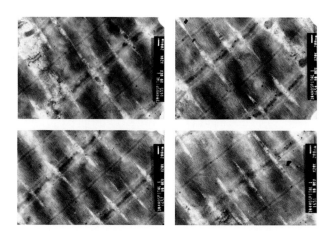

图 4-1-8　暗带长度虽已恢复但明带和肌节长度仍低于正常值

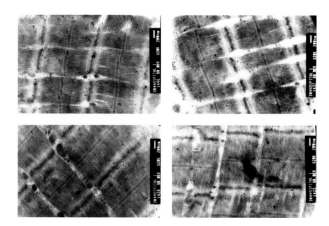

图 4-1-9　暗带、明带和肌节长度都没恢复、低于正常值

视了它对促进骨骼肌恢复和提高的全过程的继续研究、探索。如果能够沿着这个思路，继续探索骨骼肌收缩结构完全恢复的全过程、了解影响这一过程的各种因素和保证实现完全恢复和增强所需要的条件，我们就会在"发展体育运动、增强人民体质"增进健康水平的道路上，又前进了重要的一步。

第二节　静力牵张法、指针法、放松功法简介

一、静力牵张法

静力牵张伸展练习通过适度、持续的伸展引起腱器官的活动、抑制脊髓前角运动神经元的兴奋，促使骨骼肌结构恢复、肌肉放松（图4-2-1）。我们通过免疫电镜实验观察证明：静力牵张伸展练习还可以有效地通过加强收缩蛋白的合成代谢促进骨骼肌的收缩结构恢复。

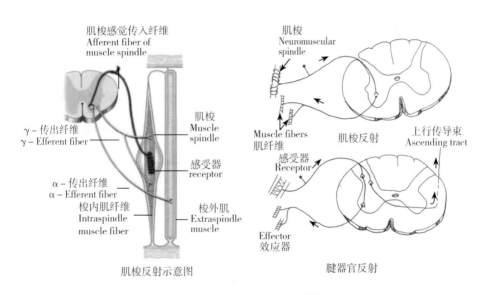

图4-2-1　肌梭、腱器官和牵张反射的研究

这是一个很好的促进骨骼肌结构和功能恢复的方法，在实际应用方面还需要进行具体研究（图4-2-2、图4-2-3、图4-2-4、图4-2-5）。

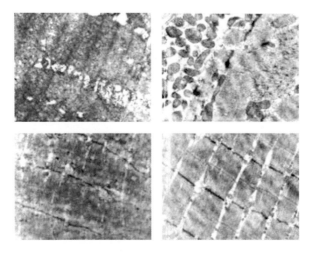

图 4-2-2　静力牵张对促进骨骼肌收缩结构恢复的作用（段昌平）

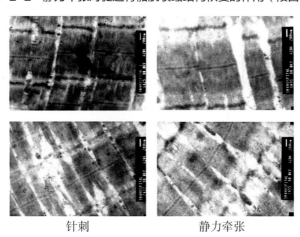

针刺　　　　　　　　　　静力牵张

图 4-2-3　阿是穴斜刺和静力牵张对提高肌节长度的作用的比较

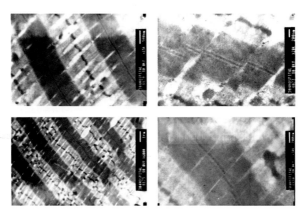

图 4-2-4　静力牵张能够有效地提高肌节长度和骨骼肌的伸展能力

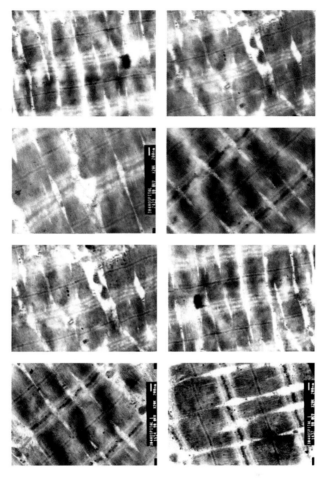

图 4-2-5　静力牵张促进肌节增殖

二、指针治疗肌肉劳损的方法简介

指针是用手指的指尖代替针，垂直按压在痛点上或僵硬肌束的最硬点上进行治疗。《灵枢》在《九针十二原第一》中有关于员针和锓针的记载："员针者，针如卵形，揩摩分间，不得伤肌肉，以泻分气。锓针者，锋如黍粟之锐，主按脉勿陷，以致其气。"河北医学院所校释的《灵枢经校释》中，对这一段的注释是"员针，针形如卵，针尖圆钝，用以按摩分肉，既不致损伤肌肉，又能疏泄分肉之间的邪气；锓针像小米粒一样的微圆，主按摩经脉，流通气血，但不身陷皮肤之内，以匡正驱邪"。可见，九针中的员针和镍针都是以按压、按摩的针法，不刺入皮肤而达到治疗的目的。指针法是以指代针，通过按压达到治疗的目的，有人把指针法叫作指压法。需要说明的是：这里介绍的指针手法我是间接学来的。多年以前（时间记不太准了，20年左右），中华医学会北京分会曾经约请冯天有医生介绍他以西医的基础理论总结罗有明老中医的治疗手法和经验时，一种简便易行而疗效又高的手法特别引起我的注意。当时，冯医生请一位"肩周炎"患者上台，这位患者右臂从前平举到上举十分困难，冯医生用拇指指尖垂直按在患者右肩胛骨喙突下面喙肱肌起点下方，用拇指指尖按住皮肤，首先用拇指在垂直于喙肱肌长轴的方向拨动了几下，然后仍然是按住皮肤沿喙肱肌长轴方向上下反复按摩了几下，最后按住喙突下的痛点，停了一会，患者反映压痛消失，冯医生停止按压并让患者重做右臂经前平举到上举时，患者轻松地就把右臂高高举起，这时报告厅里响起了一阵惊异赞许的声音，这样简单的治疗方法竟然会有这样好的治疗效果。从那时起，我把这一疗法应用于治疗颈、肩、背以及身体各部的肌肉损伤的治疗，确实获得了很好的疗效，因此，我也把它写在这里，供大家参考。记得好像冯天有医生把这一治疗方法叫作"理筋手法"，要点是"平复或复平"。最近，我有幸读到罗金殿主编的《罗有明正骨法》一书时才意识到，我在学习和应用这一疗法时是把书中常用触诊手法里的单拇指触诊法、双拇指触诊法、立指检查法和基本治疗手法综合应用在治疗肌肉劳损的过程里了。在应用这一手法的治疗过程中我注意到：如果把垂直于肌束或肌腱等的长轴拨动的手法叫作"分筋"，把沿着肌束或肌腱等的长轴按摩的手法叫作"理筋"的话，那么，分筋可能主要使我们了解僵硬疼痛的肌束或肌腱左邻右舍的状况，理筋则帮助我们了解肌束或肌腱的走向、找到肌束的最硬点进行垂直按压，这两者的综合作用主要是帮助我们确定按压的地点和方向，因而分、理的次数不一定很多，仅仅在用指尖垂直按压时才会出现条索软化、疼痛缓解或消失，而以指代针的垂直按压是缓解症状获得疗效的主要手法。因此，把它叫作"指针疗法"介绍给大家。

关于具体的手法如上，下面介绍一些体会和注意事项：

指针法治疗骨骼肌劳损同样是取阿是穴。因此，准确的诊断仍是首先要解决的问题。诊断的方法和针刺治疗相同，就不再重复。

用指针法治疗骨骼肌劳损时，因为需要手指立起用指尖或指尖顺着肌束长轴按压肌束的最硬点，因此，必须把指甲剪短，以免切伤皮肤。按压时，一般情况下最痛点范围较小，多采用拇指垂直按压；当肌束僵硬疼痛的区域较长时，也可以用食指、中指和无名指同时按压或两手拇指同时按压。

用指针法按压时，并不需要很大力量，不是按压的力量越大效果就会越好；肌肉越硬越疼，按压的力量越要轻些。随着按压的持续，条索会逐渐软化，疼痛也会逐渐缓解。如果在持续按压的过程中疼痛并不缓解，可能是按压的方向不对，及时调整，垂直按压在最硬点上，将会获得较好的效果。

当患者俯卧按压腰部肌肉时，按压动作要随患者的呼吸起伏，当患者吸气时，术者随患者腰背部升起适度地抬起手指，但仍要按住皮肤保持对僵硬肌束的一定的压力，同时沿肌束的纵轴向前后滑动；当患者呼气时，术者手指从向后滑动的终止位置适当地加力下压前推，重新回到吸气前的初始位置，如此循环往复，直到条索显著缓解、疼痛显著消失，这样的操作要比单纯的压住不放能收到更好的疗效。此后我们在用指针按压治疗时结合放松功法，让患者在细、慢、深、长腹式呼吸的呼气阶段重复应用，让被压的肌肉放松，比单纯使用指针法按压能够获得更加显著的疗效！

在按压患者腰部肌肉时，术者的肘关节最好要伸直，以减轻手臂的负担。

术者要注意加强手、臂以及全身的力量训练，在为患者按压治疗以后术者最好做一些有关肌肉的伸展练习，以促进工作肌肉的恢复。

应用指针法的禁忌注意事项和针刺相同，同样应该引起充分重视。

指针法有自身的优点和不足。指针法的优点在于，首先，它的应用范围广泛，可以应用于身体各部的骨骼肌劳损，都有很好的疗效；其次，由于仅仅是用手指按压在皮肤上而没有可能直接接触身体内部的各种器官，因而比针刺更加安全，所以患者一般对这一疗法没有恐惧心理；第三，容易变换按压的位置和方向，细小的痛点比较容易捕捉。不足之处在于，对于骨骼肌劳损的疗效有时低于针刺，特别是对于损伤较重、较硬的肌肉条索，用阿是穴斜刺针法能得到更好的疗效；用指针法治疗骨骼肌劳损有时比针刺还要疼些；对于深层的肌肉用指针法按压时用力较大，对浅层肌肉有没有不良的影响，以及是否可以避开浅层肌肉从侧面按压，这些还需要进行实验研究。在这一方面，针刺在通过浅层肌肉时则不会给浅层的肌肉带来不良反应。此外，用指针法进行治疗时要注意避开重要的神经和血管，以避免损伤神经、影响血液循环。

综合指针法治疗肌肉损伤的优点，指针法治疗肌肉劳损比针刺更为安全，尤其患者一般对指针法没有恐惧心理；特别是对上后锯肌的治疗，"指针"就可以有很好的疗效（针刺接近上后锯肌止点可能会导致疼痛加重）。在一般情况下，应用指针法进行治疗既能保证安全，又能获得很好的疗效。

三、放松功法

"放松功是用细、慢、深、长的腹式呼吸的呼气阶段，用意念控制骨骼肌放松的功法，能够有效地促进骨骼肌放松"。在初学放松功的时候老师要求：在每一次用细、慢、深、长的腹式呼吸（但要特别注意不要过度的深长而感到憋气！）的呼气阶段，只用意念想着让自己身体的一个部位的骨骼肌放松，从"头"开始，第一次呼吸只想"头放松"、第二次呼气时再想"脖子放松"、第三次呼气时"肩放松"，然后躯干、腰、臀、大腿、小腿、脚，继而可以重复第二次从头到脚的循环。丁文京通过骨骼肌活检的电子显微镜观察证实了放松功对负荷后骨骼肌结构恢复的作用，我引用这一功法作为治疗肌肉劳损的治疗手段也得到了较好的疗效。

苏联学者在20世纪50年代，用细慢深长的腹式呼吸呼气阶段，同时只是反复地通过意念控制头部肌肉放松，有效地治疗了由于"头部肌肉劳损"引起的头痛。

丁文京在他关于"放松功对延迟性肌肉酸痛过程中骨骼肌超微结构的影响"的研究工作（1982—1985 年）中（图 4-2-6、图 4-2-7、图 4-2-8），通过对比受试者以个人 70% 最大重量、3 秒钟一次的杠铃负重半蹲起练习做至不能按要求完成动作为止为一组，共做 4 组，组间休息 2 分钟；或以本人最大能力最快速度做 10 级蛙跳共做 10 组，组间休息 2 分钟；"实验组在运动后每日做放松功 3 次，每次 20～30 分钟，运动对照组在运动后按日常习惯自然恢复，两组均不用其他缓解酸痛的处理方法。"

实验步骤：诱发股四头肌酸痛

（1）实验前 1 周测受试者最大杠铃负重半蹲能力；

（2）实验开始后先做 30 分钟准备活动；

（3）以 70% 最大杠铃负重半蹲量，按三拍节奏（上—下—停）。

图 4-2-6　杠铃半蹲

图 4-2-7　股外侧肌活检

图 4-2-8　安静状态的骨骼肌

　　运动后 24 小时股外侧肌活检取样、电镜观察，对比放松功组和对照组的观察研究结果，所做出的结论是："①不习惯运动能明显地引起骨骼肌超微结构的变化，主要表现在肌原纤维、肌节、肌丝等方面。延迟痛过程中肌细胞既见有明显的变性现象，又见有明显的再生现象。②放松功练习后，肌细胞中仅见有轻微变性现象，可见有明显的再生现象。放松功能明显地缓解延迟痛，并影响肌细胞超微结构的变化。"并在"对训练问题的一点建议"的标题下写道："从亚细胞水平可以看到，放松功既能抑制运动后的变性，又对再生过程具有积极作用。因此，可以认为，在训练过程中适当地进行放松功练习，对提高机体机能能力，加速恢复，均有一定的积极意义。"

　　前面还写道："运动……可以引起骨骼肌超微结构的变化，从本研究所见，既有变性又有再生，前者对人体具有消极影响，后者则具有积极影响。"因而如何在训练中采取适宜的运动方式和运动量，使机体产生最大的适应性变化，而又不致因变性过度引起坏死，是有待于深入研究的。本研究所见，或可给人们以借鉴之处。这一疗法应该引起注意和进一步研究。

　　此外，我们的治疗实践结果已经证实（图 4-2-9、图 4-2-10）：在进行指针法或静力牵张法治疗的同时，结合腹式呼吸的呼气阶段通过意念促使骨骼肌的结构和功能恢复，或在阿是穴斜刺治疗后也和放松功法结合运用，一定能够更进一步地提高骨骼肌结构和功能恢复的疗效！

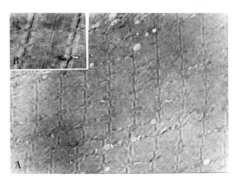

A. 肌原纤维、肌节长短基本一致 ×10 000
B. 粗细丝排列整齐，A、I、H、M、Z 诸带结构清晰可辨 ×20 000

图 4-2-9　运动后练放松功后 24 小时的骨骼肌

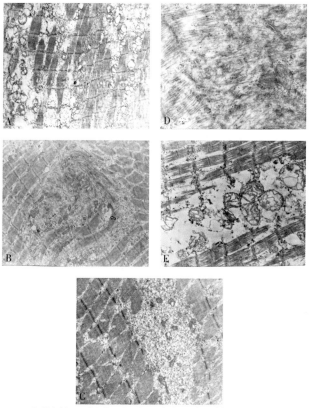

A. 大范围肌丝断裂、解聚、消失；线粒体肿大 ×5 000
B. 大范围肌丝扭曲断裂和解聚，箭头处肌丝消失 ×5 000
C. 大范围肌丝解聚 ×11 000
D. 肌丝紊乱 ×25 000
E. 胞浆水肿

图 4-2-10　运动后 24 小时延迟痛时骨骼肌

第五章

人体各部骨骼肌劳损的诊断和治疗

第一节　颈部肌肉劳损的诊断和治疗

颈部肌肉的功能障碍多表现为颈部两侧或后部肌肉疼痛和头向左右旋转或低头仰头困难。

一、头部转动困难的诊断和治疗

头向左右转动的幅度减小、转动困难，主要是同侧的中斜角肌和前斜角肌的功能障碍。在头部沿纵轴旋转时，颈椎回旋，横突向对侧移动。中斜角肌起于第2、3、4、5、6颈椎横突后结节，止于第一肋骨锁骨下沟背侧；前斜角肌起于第3、4、5、6颈椎横突前结节，止于第一肋骨斜角肌结节（图5-1-1、图5-1-2）。如果斜角肌由于结构改变而紧缩僵硬、伸展功能下降，必然会限制头向同侧转动，导致头向同侧转动困难。

用指针法按压中斜角肌和前斜角肌以后要求患者转头就可以观察到症状显著缓解，转头的幅度加大，基本或完全恢复正常。方法如下：

在第一肋骨斜角肌结节上方找到中斜角肌后，压住中斜角肌，只按肌腹的最硬点、不要压到横突，还应注意避开重要的神经和血管。按压时不可使患者感到过于疼痛，以避免患者出现不适反应。进行短时间按压后再让患者缓慢向患侧转头，术者随患者头的转动用拇指沿

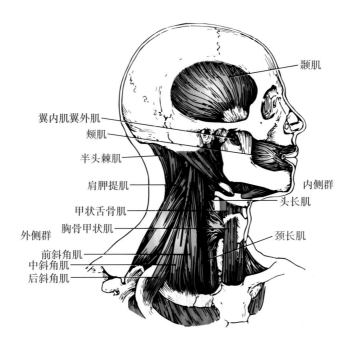

图 5-1-1　颈部侧面肌肉

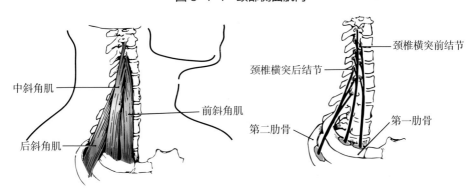

图 5-1-2　前、中、后斜角肌和起止点

中斜角肌走向稍微斜行向上推按，注意推按幅度。当患者的头转到最大限度时，略停片刻，然后缓慢转回原位，同时术者拇指向斜下推按，回到原按压点。如此重复三次，每次都要求患者尽最大努力转头到最大限度。重复三次后，术者停止按压并让患者再向患侧转头时，转动的幅度将会显著恢复或恢复到正常水平。

　　在学会了放松功以后我发现：在用指针法治疗同时，让患者做细、慢、深、长的腹式呼吸的呼气阶段同时还用意念想着让"肌肉放松"，可以比单纯使用指针法治疗有更好的疗效。

在用指针法按压中斜角肌后，如果垂直转头的幅度还没有完全恢复，可以把拇指指尖稍微向前移动即可接触到前斜角肌。如果发现前斜角肌也有明显的压痛，可以同样用前面所介绍的方法进行治疗。但要注意：要从侧面按压前斜角肌，一定不要压着前斜角肌前面的膈神经！

二、低头和仰头困难的诊断和指针法治疗

有的患者在转头困难时常常也感到低头困难。由于，斜角肌对低头也有影响，在这种情况下，还是要先对限制头部转动起主要作用的斜角肌进行检查和治疗，使头部的转动幅度加大，再对头夹肌等颈后肌肉进行检查和治疗。头夹肌起于第七颈椎的棘突和上位三或四胸椎以及项韧带下部，止于胸锁乳突肌止点的深部，颞骨乳突后面、项上线外侧。双侧同时收缩可以使头、颈后伸；一侧收缩时使头、颈伸，颈侧屈，脸略向同侧旋转。因此，它有对同侧斜角肌、对侧胸锁乳突肌的协助作用。颈夹肌起于第三到第六胸椎棘突，止于第三或第四颈椎横突后结节。它和其他肌肉一起协助伸颈，单独活动时，使颈椎侧屈并略向同侧旋转。（图5-1-3）

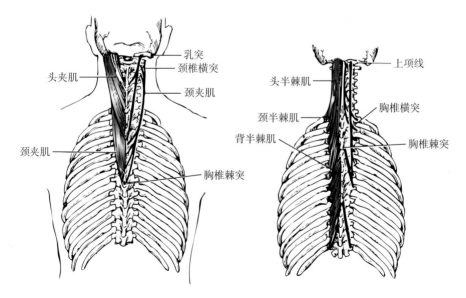

图 5-1-3　夹肌和半棘肌

从上述关于头夹肌和颈夹肌的解剖和功能看来，在因落枕使患者向同侧转头困难时，有的患者反映上背部不适可能与头夹肌和颈夹肌有关。如果患者低头困难时，可以用指针法对头夹肌、颈夹肌、头半棘肌、颈半棘肌、头后大直肌、头后小直肌、头长肌等进行治疗，可以收到较好效果。

在竖脊肌深部有一组肌肉，它们的肌纤维都是从横突向上向内止于棘突，因此被概括的叫作横突棘肌系统。横突棘肌系统最表层的是半棘肌系统，包括胸半棘肌、颈半棘肌和头半棘肌；中层是多裂肌；最深层是回旋肌；它们和脊柱的回旋有关，它们的起止点和功能，我们将在竖脊肌部分再比较详细地叙述。

头下斜肌起于枢椎棘突，向上、向外、向前止于寰椎横突后面。头上斜肌起于寰椎横突头下斜肌止点，向后、向上并略向内，止于枕骨上、下项线之间头半棘肌外侧（图5-1-4）。头后大直肌起于枢椎棘突，止于枕骨下项线下，头上斜肌和头半棘肌的深面。头后小直肌起于寰椎后结节，止于枕骨内侧头后大直肌深面。头后直肌可以使头在颈处伸，头大直肌可以使脸向同侧旋转。

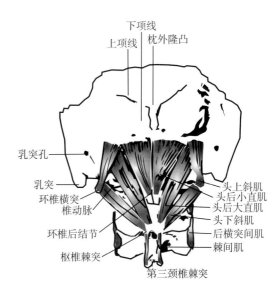

图5-1-4　头部深层肌肉

所有头下肌肉对于维持头部姿势有比较重要的作用。此外，从头下斜肌和头后大直肌的解剖学位置和功能分析，一侧转头困难也可能和对侧头下斜肌以及头后大直肌的功能障碍有关。

如果患者出现头一侧略向后倾、下颌转向对侧并略向前上抬起，这是同侧胸锁乳突肌张力提高的表现。胸锁乳突肌位于颈部前外侧，起于胸骨柄前面和锁骨的胸骨端，止于颞骨乳突（参看有关的骨关节和胸锁乳突肌图谱）。用指针法按压胸锁乳突肌靠近胸骨和锁骨的起点处，可以帮助头部位置恢复正常。

从上述对起止于脊柱各部位的肌肉的结构和功能分析，逐步加强脊柱前后左右的屈伸和回旋活动的锻炼，很可能会对增强保证脊柱正常的结构和功能的肌肉和韧带有重要的作用。因此，应该重视和加强这一问题的实验研究工作。

第二节　肩部和上肢骨骼肌劳损的诊断和治疗

肩部的骨骼包括肱骨、肩胛骨和锁骨（图5-2-1）；肱骨的头部和肩胛骨的关节盂构成盂肱关节；肩胛骨肩峰的内侧缘和锁骨肩峰的关节面构成肩锁关节；锁骨的胸骨端和胸骨的锁骨切迹以及第一肋软骨组成胸锁关节，胸锁关节是胸部和肩臂相连的唯一的骨性关节。

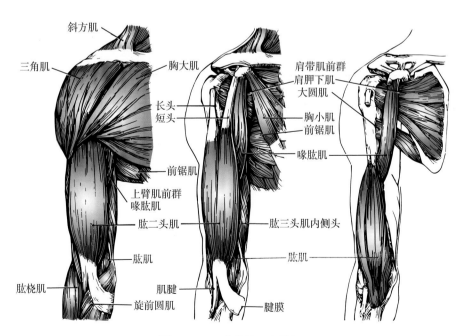

图 5-2-1　肩带肌和上臂肌

　　许多肌肉连接着脊柱和肩胛骨、胸壁和肩胛骨、肩胛骨和肱骨。肩关节和支配肩关节活动的肌肉保证着肩部、特别是上臂可以完成幅度很大的屈伸、外展内收、旋内旋外以及上臂在各个方向的回环动作。肩关节活动困难可能主要是由于肩部肌肉的功能障碍引起的。通过对肩关节活动障碍的肌肉工作分析可以做出准确的诊断，针对发生功能障碍的肌肉区分主次、先后，逐步进行治疗，可以获得较好的疗效。常见的肩关节活动困难表现为以下的一些现象。

一、臂前平举、上举困难的诊断和治疗

　　上臂和前臂在前平举过渡到上举的困难主要与喙肱肌过度工作形成不同程度的僵硬条索、收缩和伸展功能下降有关。

　　喙肱肌（图5-2-2）在肱二头肌深面，起于肩胛骨，止于肱骨中部内侧。它能使上臂在肩关节处屈和内收。在出现功能障碍的时候会使上臂上举和外展发生困难，也是所谓"五十肩"或"冻结肩"的常见症状之一。

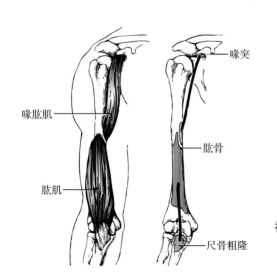

图 5-2-2　喙肱肌

视频1　肱肌刺法演示

视频2　肱二头肌刺法演示

　　喙肱肌的治疗一般可以在喙突下外方接近喙肱肌起点的肌腹处用指针法治疗，即可收到很好的效果。如果需用针刺，则首要的条件是术者必须完全能够控制针的走向。在需要针刺喙肱肌时，患者可以仰卧或坐位，上臂略外展，选择离开胸廓的地点由近心向远心方向进针，由喙突刺向肱骨。进针点离针尖进入喙肱肌损伤肌束的距离尽可能靠近，针尖过皮后调整针体和针尖的倾斜程度，刺入喙肱肌。患者感到酸胀后就可以把针退到皮下，然后，触诊检查针刺效果，但要注意，触诊的手指不要压到针尖。此外，用指针法治疗喙肱肌，按压接近喙突下方略偏外侧的喙肱肌的肌腹，可以收到较好的疗效。

　　在上肢前平举过渡到上举发生困难的治疗过程中发现，胸大肌（图5-2-3）的锁骨部分对前平举和上举困难有一定的影响。

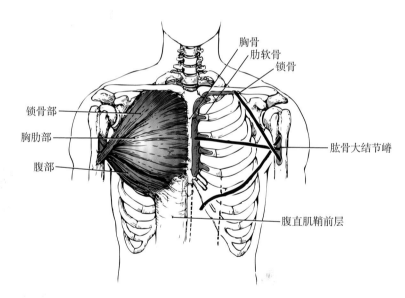

图5-2-3　胸大肌

　　胸大肌锁骨部起自锁骨内侧二分之一或三分之二的前面，止于肱骨大结节嵴；它的锁骨部和腹部肌的止点上下交叉；锁骨部止于外下，腹部肌束止内上。由于胸大肌连接着胸壁和肱骨，因此，它对于肩带和肩关节都有作用。它是一个使上臂强有力内收的肌肉，近固定收缩使上臂在肩关节处屈、内收和旋内。如果上臂前屈到水平位以上胸大肌不能放松，可能会影响进一步上举。对胸大肌锁骨部斜刺治疗时，为了保证安全，让患者仰卧，上臂外展到肩关节水平，进针点尽可能选在远离胸廓、离肱骨止点较近的地方，垂直过皮后立即倾斜针体到30°左右，由进针点刺向肱骨方向，当针尖接触肌束时，用中指尖顶住针体，持针手向前平移，加大针尖和肌束的角度，使针尖刺入肌束即可，不可透过肌束，患者感到酸胀就可以退针到皮下，经触诊核实疗效后退针。

上肢侧平举、上举困难主要受三角肌影响。三角肌（图5-2-4）位于肩部皮下，由前、中、后三部分组成。三角肌前部起于锁骨外三分之一的前缘，中部起于肩峰的外缘，后部起自肩胛冈脊的下唇；止于肱骨的三角肌粗隆。上臂从自然下垂到外展、向外侧抬起，是在冈上肌启动上臂外展后，由三角肌三个部分协同活动完成的。三角肌前部还能够使上臂前屈和旋内，所以上臂在侧平举以后继续向后伸和旋外的困难和三角肌前部的肌束条索有关；后部能使上臂后伸和旋外。因此，上臂在侧平举以后继续向前屈和旋内的困难和三角肌后部的肌束条索有关。三角肌因过度劳累出现僵硬的肌束条索或疼痛时会影响上臂侧平举到上举的活动。三角肌劳损用阿是穴斜刺或者用指针法结合呼气放松，都可以获得好的疗效。

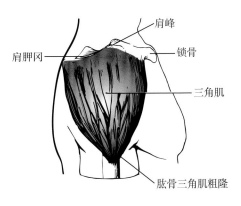

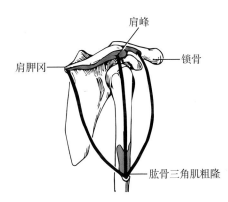

图 5-2-4　三角肌

视频3　三角肌刺法演示

　　三角肌是由很多肌束结合形成的，并不是所有肌束的长度都是从起点直接到达止点。因此，在针刺治完上段接近起点的劳损肌束后，还要注意触诊检查接近止点的肌束！手臂上举困难还与前锯肌和背阔肌有关。

　　肩胛骨上回旋困难就会影响上肢上举，肩胛骨上回旋可能主要和前锯肌最下方的4个肌齿收缩能力相关；但是前锯肌上部的肌齿（甚至肩胛提肌），如果由于过度活动变得紧缩、僵硬导致伸展功能下降，也可能影响肩胛骨的上回旋，这些问题都需要进一步研究确定。

　　前锯肌（图5-2-5）在胸廓的侧面，以8～9个肌齿起于上8～9个肋骨的外侧面。第一肌齿直接向后止于肩胛骨上角肋侧面，其下的3～4个肌齿起于相应肋骨的外侧面，止于肩胛骨内侧缘的肋侧面；最下方的4个肌齿起于相应肋骨的外侧面肋侧面，其下的3～4个肌齿起于相应肋骨的外侧面，止于肩胛骨内侧缘的肋侧面；最下方的4个肌齿起于相应肋骨的外侧面，止于肩胛骨下角的肋侧面。前锯肌使肩胛骨紧贴胸壁，它的收缩使肩胛骨外展；下面4个肌齿和斜方肌协同活动使肩胛骨上回旋使肩关节盂向上，为肱骨上举创造了必要的条件。前锯肌和菱形肌、肩胛提肌的协同活动可以使肩胛骨固定而对其他肩带肌和上臂肌的活动形成一个稳定的支撑。

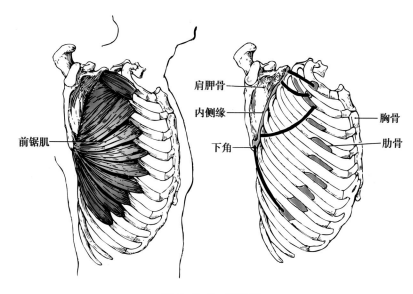

图5-2-5　前锯肌

为了保证患者的安全，不用针刺，使用静力牵张伸展练习为主、细慢深长的腹式呼吸的呼气阶段用意念控制肌肉放松的放松功法为辅，就可以得到较好的疗效。

二、上臂旋内－后伸－屈肘以手触背困难的诊断治疗

手向后触背困难主要是由于上臂旋内困难。上臂旋内困难，问题主要出在冈下肌和小圆肌（图5-2-6）。

冈下肌：位于肩胛骨后面的冈下窝内，起于肩胛骨冈下窝，止于肱骨大结节中部。小圆肌：位于冈下肌下方，起于肩胛骨外侧缘中部，止于肱骨大结节下部。冈下肌和小圆肌的起点都在肩胛骨的背面，止点都在肱骨大结节的后面，因此它们的功能是近固定时使上臂旋外、内收和伸。在它们的功能发生障碍时肌肉紧缩，使上臂不能旋内，而使手和前臂很难伸向后背。这是所谓"五十肩""冻结肩"的常见症状之一。前面也已经提到三角肌后部的肌束条索也会对上臂旋内有一定影响。冈下肌和小圆肌（图5-2-6）的功能障碍可以用阿是穴斜刺针刺法或指针法治疗，但用在比较僵硬的肌束时，斜刺针法比指针的疗效更好。针刺的方法和基本要求与针刺治疗喙肱肌相同。触诊时需要注意检查冈下肌和小圆肌，如果两块肌肉同时存在问题但漏掉冈下肌没有治疗，仅仅针刺小圆肌后患者会出现主观感觉症状加重，

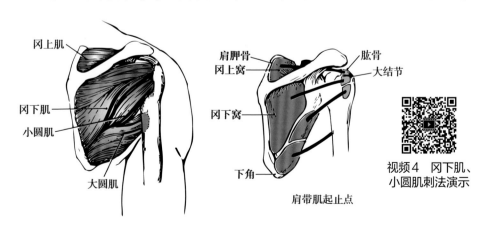

冈上肌

冈下肌
小圆肌

大圆肌

肩胛骨
冈上窝

冈下窝

下角

肩带肌起止点

肱骨
大结节

视频4　冈下肌、
小圆肌刺法演示

图5-2-6　冈下肌和小圆肌

很不舒服。当然，这种难受的感觉在针刺冈下肌条索后就会消失。因此，在冈下肌和小圆肌同时出现劳损症状时，先治冈下肌后治小圆肌就可以避免上述的现象了。

三、斜方肌上部肌束劳损导致肩疼的诊断治疗

有不少仅仅是长期坐在书桌前书写、伏案工作或是在电脑前工作的人会感到肩疼。在触诊的时候能够发现斜方肌中上部有比较明显僵硬、不长的肌肉条索。他们的肌肉工作强度并不大，为什么肌肉也会变得僵硬、感到不舒服、甚至疼痛？

斜方肌（图5-2-7）：是覆盖在背部最表层的肌肉。它起于枕骨项上线内侧三分之一、枕外隆凸、项韧带、第七颈椎棘突、全部胸椎棘突及其棘上韧带；上部纤维止于锁骨外三分之一后缘、中部纤维止于肩峰和肩胛冈上缘、下部纤维止于肩胛冈下缘内侧。它一侧连着枕骨以及颈椎和全部胸椎，另一侧连着锁骨、肩峰和肩胛冈。它的上部纤维收缩可以拉肩带向上以对抗肩挑或手提重物时向下的拉力；斜方肌

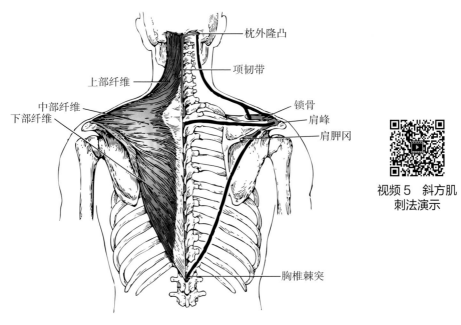

视频5 斜方肌
刺法演示

图5-2-7 斜方肌

的中部收缩可以使肩胛骨内收，也就是说使肩胛骨向脊柱靠拢；斜方肌下部纤维收缩可以拉肩胛骨向下；斜方肌上部和下部纤维同时收缩并与前锯肌下部协同活动可以使肩胛骨上回旋、肩关节盂向上，这一活动对于臂的上举是非常重要的。

斜方肌上部僵硬肌束的阿是穴斜刺针法治疗用指针法就可以收到较好的疗效；但对比较僵硬的条索，针刺可以得到更好的疗效。但用阿是穴斜刺斜方肌中部的条索时，需要非常谨慎，因为肺尖就在针下约 3cm 的距离。用针刺治疗斜方肌条索需要患者的合作，患者必须不怕扎针并且身体情况很好，完全可以承受针刺。治疗时，患者要坐在椅子上，背靠在椅子上坐稳。对于术者的要求则首先是要对患者的安全负责，必须能够绝对控制针的走向，如果没有这样的把握，宁可不用针刺治疗也不要因自己的失误而给患者造成伤害。在进行治疗时，术者要站在患肩的对侧，全神贯注于治疗过程。斜方肌劳损肌束的阿是穴斜刺治疗用一寸半或两寸半的 26 号针体弹性较好的短针，由于这部分肌束的走向是从内上略向外下，进针点选择在条索的远心端、离条索的最硬点尽可能近的地方，从劳损肌束最硬点的外下方进针，过皮后注意保持针体在皮下向内斜上方向推进，到达条索最硬点后用中指向上挑起针体使针尖向下刺进条索、不可透刺；刺中后患者会有明显的酸胀感觉，随即退针。退针以后，触诊检查针刺效果，如原有条索已经软化，压痛消失，应进一步检查附近肌束，如果确认还有其他条索需要治疗，就需要根据患者的承受能力考虑进一步的治疗安排。

我是通过在自己大腿上练习针刺的技术并在其他安全部位为患者治疗骨骼肌劳损的历练、能够准确地控制针的走向以后，才开始用阿是穴斜刺针法治疗斜方肌肩部劳损的肌束，获得了很好的疗效。在这一过程中又通过冯天有医生的报告学了罗有名老中医的指针法，后来又学了放松功法；想到这里，如果能够把指针法和放松功法结合用于肩部肌肉劳损的治疗，既能保证患者的安全、又能够有很好的疗效，希望能够引起关注！

斜方肌的僵硬、疼痛，主要是因为在一般情况下长时伏案工作在抬起胳臂的时候是先通过斜方肌中上部肌束提起肩膀（耸肩）把胳臂抬起来，同时上臂在肩关节前屈、抬起超过桌面，把胳臂放在桌面上动作造成的。但是，在把胳臂抬高放在桌面上以后，虽然已经有胳臂肘支撑着胳臂，却疏忽了管抬肩的斜方肌还在忠于职守地持续收缩工作，这样长期反复地持续工作，导致这部分斜方肌的肌束过度劳累，总在还没有恢复的时候就重复工作，日积月累，就逐渐慢慢变得僵硬、出现疼痛了。那么，如果我们在把胳臂抬起来的时候，注意控制、想着让肩膀（斜方肌）放松，然后抬起胳臂开始工作，形成习惯，伏案工作的时候，让斜方肌一直是放松的；就像打太极拳时"沉肩"的要求那样，不用抬肩带动抬胳臂，而是肩部放松不动，只抬起胳臂放在桌面上，让肘和前臂支撑保证收的自由活动。同时注意：在工作时让肩保持放松状态，这样就可以避免长期伏案工作使斜方肌因慢性劳损而引起的肩疼。此外，在时间较长的伏案工作的过程中间，做一些肩臂的伸展活动，或在工作之余做一些肌肉力量的锻炼，促进肩部肌肉的结构和功能提高，对预防肩部肌肉劳损也是非常重要的。

第三节 腰背部骨骼肌劳损的诊断和治疗

人体的躯干从腹面看可以分为胸部和腹部；躯干的背面也可以分为上、下两部，上背部就简称为背部，下背部就是通常所说的腰部。

腰背部肌肉（图5-3-1）劳损的诊断和治疗同样需要了解肌肉的位置、起止点、它们的正常功能，以及由于结构发生变化而使正常功能发生障碍时对人体的姿势和运动造成的影响。

背部肌肉有三层：

浅层的肌肉有斜方肌、背阔肌、菱形肌和肩胛提肌，它们连接着躯干和上肢，这些肌肉的结构和功能常被归属在上肢部分去研讨；中层有上后锯肌和下后锯肌（图5-3-2）；深层则是位于脊柱两侧的竖脊肌，它起于围绕多裂肌起点的很强的U形肌腱，这一U形起点的内

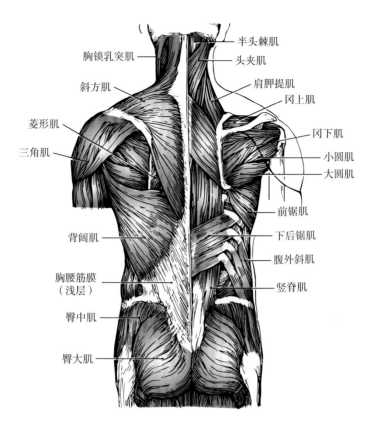

胸锁乳突肌
斜方肌
菱形肌
三角肌
背阔肌
胸腰筋膜
（浅层）
臀中肌
臀大肌

半头棘肌
头夹肌
肩胛提肌
冈上肌
冈下肌
小圆肌
大圆肌
前锯肌
下后锯肌
腹外斜肌
竖脊肌

图 5-3-1　背部各层的肌肉

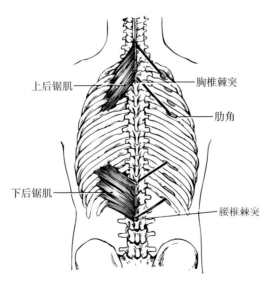

上后锯肌
下后锯肌

胸椎棘突
肋角
腰椎棘突

图 5-3-2　后锯肌

侧支起于最下两个胸椎棘突，所有腰椎的棘突和骶中嵴；外侧支沿骶骨外侧嵴向上到髂后上棘和髂嵴后部。在外侧支起点的深部，竖脊肌的肌肉附着在髂骨结节和髂骨嵴内侧唇。肌腱纤维和骶－髂背侧、骶骨结节、骶尾韧带以及臀大肌的起点相混。

　　竖脊肌（图5-3-3）在骶骨的起点是比较窄的，但通过外侧肌腱的起点上行到腰部时就在脊柱两侧形成宽厚突起的肌腹。竖脊肌上行到髂骨和第十二肋骨水平后分为三束，外侧束叫作髂肋肌，中间束叫作最长肌，最内侧的一束叫作棘肌。髂肋肌向上分为六支，止于下六个肋骨接近肋骨角的地方；就在这些止点的内侧就是胸髂肋肌的起点，向上止于上六个肋骨；就在胸髂肋肌止点的内侧是颈髂肋肌的起点，向上止于下部颈椎横突后结节。

　　最长肌是竖脊肌中最长最厚的肌束，止点分为两支，外侧止于所

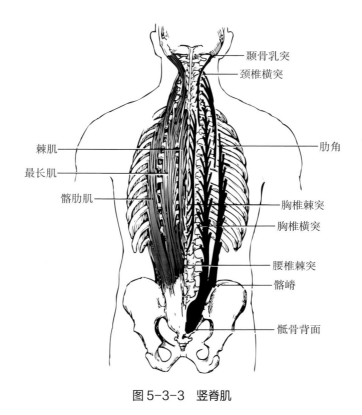

图 5-3-3　竖脊肌

有肋骨，内侧止于所有胸椎横突和上部腰椎副突。颈最长肌起于上六个胸椎横突胸最长肌止点内侧，止于除第一和第七颈椎以外的所有颈椎横突后结节。头最长肌除了和颈最长肌共同起于上六个胸椎横突胸最长肌止点内侧以外，还起于下四个颈椎的关节突，它以窄肌腱移行于头夹肌和头半棘肌之间，止于头夹肌深面乳突的后面，头最长肌是竖脊肌唯一到达头部的部分。胸棘肌是棘肌中界限清楚的部分，它自上部腰椎和下部胸椎棘突上行到上部胸椎棘突；颈棘肌不是经常存在；头棘肌经常和头半棘肌内侧部分混在一起。

在竖脊肌的深层是一组叫作横突棘肌系统的肌肉，和竖脊肌相反的是它们起于脊椎横突向上向内止于棘突。横突棘肌也是由三部分组成，最浅层是半棘肌系统，它包括胸半棘肌、颈半棘肌和头半棘肌。胸半棘肌起于下部胸椎横突，止于上部胸椎和下部颈椎棘突。颈半棘肌起于上部胸椎横突和下部颈椎关节突，止于颈椎棘突。头半棘肌是三者之中最大的肌肉，在头夹肌深层构成颈中线项沟两侧的突起，起于上六个胸椎横突尖上和下四个颈椎的关节突，止于项上线和项下线之间凹陷的内侧部分。胸半棘肌和颈半棘肌参与后伸脊柱的胸部和颈部；头半棘肌是使头后仰的最强的肌肉。横突棘肌的第二部分是多裂肌。多裂肌位于棘突和横突之间的沟里，深层的肌束仅起于下一个脊椎止于上一个脊椎，浅层的肌束可能跨过几个脊椎。多裂肌起于竖脊肌腱深层的骶骨背面、后骶髂韧带、腰椎的乳突、胸椎的横突和下部颈椎的关节突，止于自第五腰椎到寰椎的所有的棘突。多裂肌参与脊柱的伸、侧屈和回旋，有的学者认为它的主要功能可能是脊柱运动的可伸展的韧带。横突棘肌组的第三部分是回旋肌，可以认为它是最深层的多裂肌，一般仅存在于胸部区域，但也偶见于颈部和腰部，它起于下位脊椎的横突，止于上位脊椎的椎板。回旋肌参与脊柱的回旋，但也有的学者认为它的功能或许也像可伸展的韧带。目前，我们在治疗过程中观察到的腰椎回旋现象可能与多裂肌和回旋肌功能障碍有关。

从横突棘肌系统的肌肉所在的位置和功能考虑，它们的主要功能可能不仅是"脊柱运动的可伸展的韧带"，还可能和保证椎骨和椎间软骨体液循环、营养代谢以及结构和功能关系密切，从而保证脊柱的正常结构和功能。因此，怎样锻炼增强这些肌肉的结构和功能对增强椎骨和椎间盘软骨的结构和功能、防止老年人因衰老而引起椎骨和椎间盘软骨的退化以及椎骨滑脱等疾病有重要的作用，可能是一个很有价值的研究课题！

这里还要提到背部的筋膜，它和腰部的软组织损伤以及斜刺的针法有比较重要的关系。颈部和背部的筋膜有浅筋膜和深筋膜。背部的浅筋膜厚，并在网状纤维中含有相当数量的脂肪。浅筋膜在外侧和皮肤疏松地连接在一起，在内侧特别是在颈部的上部和深筋膜比较紧密地连在一起。整个背部被一层厚度和强度不同的深筋膜覆盖着。颈部的筋膜厚而致密。背部为胸腰筋膜所覆盖。胸腰筋膜分为三层：后层在竖脊肌的表面，在内侧附着于胸腰骶椎的棘突和其上的棘上韧带，它从骶骨和髂嵴向上延伸附着于肋骨角竖脊肌髂肋部分的外侧，在腰部它形成非常强的筋膜；中层从第十二肋骨下缘和腰肋韧带向下到髂嵴和髂腰韧带，内侧附着于腰椎横突尖部和横突间韧带，外侧在竖脊肌外侧缘和深筋膜的后层相连；前层是三层之中最薄的，它在腰方肌的前面，内侧附着在腰椎横突前面，外侧在腰方肌外侧缘和中层汇合，并与腹外斜肌和腹横肌的后筋膜相延续，前层在上面附着于第十二肋骨和第一腰椎横突，下面附着于髂腰韧带和髂嵴。

腰背最大的竖脊肌位于斜方肌和背阔肌的覆盖之下，在脊柱的两侧，肌腱起于骶骨背面，上行于腰背后肌腹显著粗壮，并向上延伸到颈后和颅底，由脊柱胸椎两侧的脊肌、中间比较粗大的最长肌和外侧的髂肋肌组成；最长肌自下而上，又可分为腰最长肌、背最长肌和颈最长肌三部分；经常竖脊肌的主要部分（特别是胸最长肌）维持着人在直立或坐姿时脊柱的腰弯，它参与脊柱的伸和旋转，如果在允许前屈的情况下它参与侧屈。在前屈时竖脊肌和其他脊柱后部肌肉处于离心工作状态。在走路时两侧的竖脊肌交替工作保持着脊柱和骨盆的稳定。低头、弯腰的活动会加重上述肌肉的工作负担，会逐渐使肌肉变成僵硬程度不同的条索，逐渐出现酸、痛感觉。

一、腰最长肌劳损的诊断和治疗

视频6 竖脊肌　　视频7 竖脊肌　　视频8 竖脊肌
刺法演示（1）　刺法演示（2）　刺法演示（3）

医生在患者进门时就需要注意观察患者的身体姿势、步态和表情，了解病史及有什么活动困难和不舒服的感觉：如躯干后仰时感到腰痛，这可能是因为后仰挤压到下腰部僵硬的最长肌或多裂肌（图5-3-4）；然后让患者俯卧在诊疗床上，如果医生在治疗时右手持针，患者俯卧方向头向医生右侧；触诊时，在下腰部第四第五腰椎两侧旁开两到三指就会发现：从髂嵴垂直向上有僵硬的条索和压痛的是腰最长肌。如果患者反映后仰不疼，前屈时背痛，在这种情况下，可能会发现从

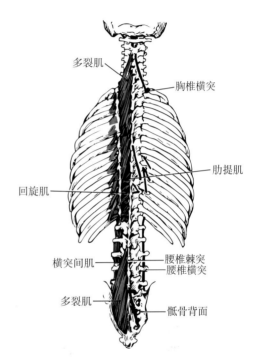

图5-3-4　多裂肌、回旋肌和横突间肌

腰部到上背部每隔几厘米就有一个僵硬肌束的最硬点；也曾有一位患者仅仅在背最长肌偏中部只有一个由较多劳损肌束形成的较大、较硬的结构，人们把它叫"结节"；确定劳损肌束的最硬点后，把针斜行刺进条索的最硬点之中，遇到范围较大的最硬点，可以用合谷刺，但一定注意不要透刺！患者出现酸胀感觉后即可退针至皮下，再触诊检查时就会发现原有的条索软化，压痛消失，活动障碍消除。

值得注意的是，在针刺腰最长肌时针尖常会只在腰背筋膜上向脊

柱方向滑动而不能刺入腰最长肌之中，因此在进针过皮之后在针尖接触到筋膜时用中指顶住针体并把针体推向最痛点方向，使针尖向下刺过筋膜进入肌肉后再撤回中指，使针体按预定的斜刺方向刺入条索的最硬点之中。

在骶部和腰部的多裂肌处于竖脊肌覆盖之下，起于骶骨两侧的多裂肌是从骶骨向上、向内止于下位腰椎棘突，因此治疗时要从靠近骶骨棘突附近进针，向下刺入深层的多裂肌肌束。有的患者在骶正中嵴两旁各有一条较硬的肌束，是多裂肌在骶部起点的肌束，有按压痛。从肌束上端进针，斜形刺入条索之中会使症状立即消失。

二、背最长肌劳损的诊断和治疗

如果患者反映后仰不疼，前屈时背痛，这是背最长肌劳损的症状。

在第一例背最长肌劳损肌束条索的治疗时，条索的长度大约有10cm，经阿是穴斜刺后，条索的上半软化、压痛消失，下半却仍旧僵硬；第二次治疗斜刺下半后症状完全消失。从这一经历才联想到：最长肌纤维可能是由较短的肌纤维所构成的肌束衔接组成的结构。在此后对腰部和背部最长肌的治疗过程中逐渐注意到，大约每隔 4 ~ 5cm就会有一个最硬点或"结节"，分别斜刺各个最硬点，才会使最长肌全线结构和功能恢复。在对腰背部最长肌劳损用阿是穴斜刺治疗之前，医生必须在有准确控制针走向的能力之后才可以为患者治疗，要准确刺入最硬点，不可透刺，以绝对保证安全。如果最硬结构范围较大可以用合谷刺针法。

有一位患者，他的最长肌比较粗壮，在背最长肌的中部仅有一个较硬的结节，但却使他即使坐在椅子上的时候躯干也不能垂直、更不能前倾，而是有些后仰。从条索结节上方进针准确刺中后，症状完全消失，立即可以坐直前倾。由这一病例联想到：有的患者直立或走路时腰前弯加大身体后仰很可能是背最长肌劳损的问题。

背最长肌劳损还可能影响到肋骨的活动而使患者感到背上好像背

着东西，增加了胸式呼吸的困难，用阿是穴斜刺后，患者会感到胸式呼吸轻松了。

三、上后锯肌劳损的指针法治疗

还有一种上背部痛，患者反映痛点在肩胛骨内侧缘，但只有在让患者的痛侧手放在对侧肩上使患侧肩胛骨外展时才能显露出痛点所在。实际痛点是上后锯肌在第 2、3、4、5 肋骨的肋角的止点。上后锯肌（参见图 5-3-2）起于第 6、7 颈椎和第 1、2 胸椎横突，止于第 2、3、4、5 肋骨的肋角。上述痛点治疗时不要使用斜刺，用针刺治疗会引起患者感到憋气，效果不佳，原因目前还不清楚。用指针法治疗效果很好，从第 5 肋骨止点自下而上，用拇指指尖持续地按压上后锯肌的肋骨止点和肌腹的交界处，按压的力量不可过大，疼痛越明显反而按压的力量越要轻些，在持续按压 10 ~ 20 秒后疼痛即可逐渐缓解消失（请参看第四章第二节肌肉劳损的"指针法"内容）。

肌肉结构改变可能引起脊柱发生侧弯，例如：

1. 髂肋肌劳损导致脊柱呈现半月形弯曲的诊断和治疗

如果经骨科确诊脊柱未见骨关节结构异常而脊柱向患侧呈现半月形弯曲，问题是由于髂肋肌近起点部分的结构改变的缘故。如果在第 2 ~ 4 腰椎水平，竖脊肌外缘内侧触到条索和压痛，在最痛点以上进针（参看图 5-3-3），沿髂肋肌向下刺入最痛点。在髂肋肌条索软化、压痛消失以后，脊柱侧弯消失，位置恢复正常。

2. 腰方肌劳损导致脊柱呈现 S 型侧弯的诊断和治疗

如果是在第 3 腰椎水平触诊竖脊肌边缘（下面）和第 3、第 4、第 5 腰椎两侧触压到从椎体横突外侧向外向下斜行的僵硬条索，并伴有明显触压痛，这是腰方肌劳损的主要症状。

腰方肌（图 5-3-5）位于腰背筋膜的前层和中层之间；从背面观，起于髂嵴后部的髂腰韧带以及第 3、4、5 腰椎横突外侧上面，和紧邻背面的腰背筋膜；上行、止于上部第 1、2、3 或 4 腰椎横突外侧下面第十二肋骨下缘靠近脊柱的一半。患者躯干后仰时下腰部疼痛，这是位于竖脊肌深层劳损的腰方肌条索。从腹面还可以看到，腰方肌的肌束从12胸椎侧后部向下向外斜行，止于从髂嵴垂直上行的腰方肌外侧缘的髂嵴前面。在腰方肌之前有升结肠、降结肠、肾脏、腰大肌、腰小肌和膈肌，它的后面被竖脊肌覆盖。腰方肌可以使脊柱侧屈，深吸气时固定第十二肋；两侧

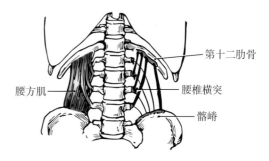

图 5-3-5　腰方肌

视频9　腰方肌　　视频10　腰方肌　　视频11　腰方肌
刺法演示（1）　刺法演示（2）　刺法演示（3）

腰方肌同时收缩可以使脊柱的腰部后伸。

　　近年来，我们发现：由于患侧腰方肌劳损、收缩结构缩紧，提起同侧髂嵴使骨盆沿矢状轴转动，使腰方肌劳损一侧的髂嵴高于对侧，而把同侧腿、脚提高，患者俯卧时，两脚伸向治疗床外，如果让患者两腿并拢、足背屈（勾脚尖）时可以看到患侧脚跟不同程度高于健侧，使患者在走路的时候身体向患侧晃动有患侧腿短的错觉。由于骨盆倾斜，脊柱会出现略呈S形侧弯凸向患侧（图5-3-6）。治疗时，一般最好用26号（针体直径0.52～0.53mm）或23号（针体直径0.60mm）、针体的硬度较高、弹性较好的4寸针进行治疗。针刺治疗时，让患者俯卧（或侧卧），医生在患者患侧对面，在第3腰椎水平、竖脊肌外侧缘进针；垂直过皮后，针尖斜行向下、向脊柱方向刺入腰方肌之中，不可刺入腹腔（注：腰方肌位于竖脊肌之前，右肾下缘在第3腰椎水平，左肾缘略高于右侧）。如果是腰方肌劳损引起的脊柱侧弯，经斜刺腰方肌后，骨盆位置恢复正常，脊柱可能自然复直；如果在经斜刺后骨盆还没有完全恢复水平、患侧脚跟仍略高于健侧，触诊压向第3腰椎水平以下腰方肌外侧缘仍有明显压痛，这是由于腰方肌从第12胸椎斜行向下止于髂嵴和从第12胸椎向下止于髂嵴的肌束结构改变还没有恢复。因此，需要把针退到皮下，调整针尖指向，垂

直向下或略向内侧，用合谷刺针法刺入起于第 12 胸椎向下向外止于髂嵴、髂腰肌外缘的肌束，以及从第 3 腰椎横突外侧重新进针垂直向下、向前刺入多裂肌和向下、向外斜行刺入起于髂嵴内侧、上行止于第 3、4、5 腰椎横突的腰方肌条索之中，可能会使患侧骨盆进一步下降、骨盆恢复水平、两足跟平齐。如果患侧由于小腿前面胫骨前肌以及伸趾肌劳损，形成不同程度紧缩僵硬肌束牵拉所引起的足内翻现象，针刺相关肌束的最硬点可以使脚的位置恢复正常。

　　由于一侧腰方肌的结构改变引起骨盆倾斜可能引起对侧的髂肋肌和最长肌的工作负担，因此，在针刺腰方肌治疗之后，需要检查腰部对侧的髂肋肌和最长肌，如果发现已经出现僵硬的肌束，同样需要继续针刺治疗，促使它们的结构恢复正常。

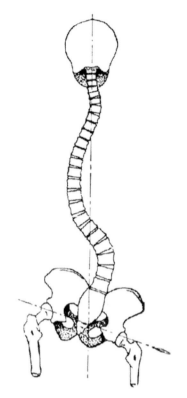

图 5-3-6　腰方肌劳损导致
S 型脊柱侧弯

　　腰方肌劳损的另一种症状：骨盆位置正常，但是，由于患侧腰方肌紧缩导致躯干向患侧倾斜、加重了健侧躯干肌的工作负荷，对这类患者进行治疗时，首先治疗劳损的腰方肌；然后，需要触诊检查患者对侧躯干肌，如果发现僵硬、压痛症状，根据患者身体承受能力，确定适度的继续治疗。

　　在第 4、5 腰椎横突斜行向外下方的僵硬条索是腰方肌内侧起于髂嵴内侧、上行止于第 3、4、5 腰椎横突的肌束，治疗时，从第 3 腰椎横突外侧进针，沿肌束走向斜行向外下方刺入肌束，如在治疗后触诊发现两侧症状，可以用合谷刺针法继续治疗。

四、髂腰肌劳损的诊断和治疗

髂腰肌由腰大肌和髂肌组成（图5-3-7）。腰大肌起于第12胸椎和1～5腰椎侧面以及腰椎横突，髂肌起于髂骨内面的髂窝；两个肌肉汇合经腹股沟韧带深面、髋关节前内侧，止于股骨小转子。针刺治疗时，在腹股沟韧带中点下方、缝匠肌内侧缘和腰大肌横切面交会点内侧进针、向上并略向内刺入腰大肌；在腹股沟韧带外侧1/3

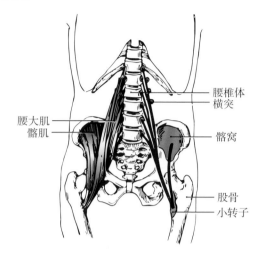

图 5-3-7　髂腰肌

交点下方、缝匠肌内侧缘和髂肌交汇点向上刺入髂肌。如果症状完全消失，即可退针；如果腰大肌或髂肌内还有僵硬疼痛症状，可以在髂腰肌以内用合谷刺针法略向内侧或外侧斜上再刺，刺后把针退到皮下，触诊检查疗效；但必须注意保证安全，不可偏斜过大，以避免误刺大腿中部的股神经和动脉；或用指针法治疗。针刺髂腰肌条索时，极个别的情况下，在被刺条索附近会出现一个圆形的结节隆起，如果不管它，患者会感到疼痛；如果发现这个"结节"时，立即斜刺"结节"，这个"结节"就会立即消失，患者也不会有什么不舒服的感觉。这是一个什么现象？为什么会出现这种现象？目前还不清楚，针刺结节以后结节为什么会迅速消失？还有待研究、认识，写在这里供大家参考。

第四节　臀部肌肉劳损的诊断和治疗

我们所接触的臀部肌肉劳损病例包括：臀中肌、臀小肌、股方肌、梨状肌、阔筋膜张肌劳损。

一、臀中肌、臀小肌和股方肌劳损的诊断和治疗

臀中肌、臀小肌（图5-4-1、图5-4-2）是人体在完成躯干前倾和前倾后恢复直立姿势的重要工作肌肉。一般情况下人们把人从直立状态转为躯干前倾叫作弯腰，实际上这是在下肢固定的条件下，骨盆前倾带动躯干在髋关节处屈。

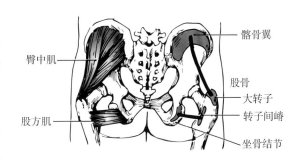

图 5-4-1　臀中肌和股方肌

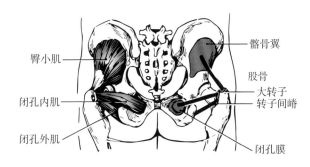

图 5-4-2　臀小肌和闭孔肌

臀中肌是扇形的宽而厚的肌肉，位于臀部后侧，它的后下三分之一部分为臀大肌所覆盖，其他部分露于表层并盖有一层深筋膜。臀中肌前有阔筋膜张肌，后下方有梨状肌；臀中肌起于髂骨外侧面的前臀线和后臀线之间以及覆盖于其上的筋膜，肌束斜下向前，扁平的肌腱止于大转子后部和中部侧面。它和大转子之间有滑囊相间。臀中肌可以使大腿外展；走路时，把骨盆拉向支撑腿方向，导致身体重心转移。

躯干前倾时上述肌肉完成离心工作，躯干从前倾恢复到直立时，臀中肌、梨状肌和股方肌等要完成向心工作。因此，无论是从高处落下或是身体腾空后落地时的支撑缓冲，或是所谓弯腰拾取重物以及长时间弯腰工作等，都可能使上述肌肉过度负荷而导致劳损。在完成直腿抬高试验时，患侧腿抬高会低于健侧；在患侧的臀中肌可以触到较硬的条索并有明显压痛。

1. 臀中肌劳损的阿是穴斜刺治疗

针刺治疗臀中肌劳损时要让患者侧卧，患侧在上，

视频 12　臀中肌刺法演示

患侧腿屈髋屈膝并使膝落在治疗床上以使身体获得稳定支撑。进针的方向是从髂嵴向大转子方向刺入臀中肌条索内。臀中肌劳损时，劳损的肌束距离较近，可以考虑用合谷刺针法，在一条肌束针感消失后，退针到皮下，调整针尖的指向，从侧面刺入邻近的条索。如果两束肌肉的条索相距较远，就需要重新选择进针点。

在臀中肌治疗时还需要注意的是：如果进针点离髂嵴比较近，在针刺以后，需要注意触诊检查靠近股骨大转子附近的肌束，如果发现靠近大转子上后方的肌肉硬度较高时应该就近进针，可以用合谷刺针法继续治疗，使有关僵硬的肌束恢复正常。

此外，应该考虑到，直腿抬高困难，来自两方面的影响：一方面是对抗抬高的臀中肌、梨状肌、股方肌等臀部肌肉，另一方面是通过主动收缩功能抬腿的髂腰肌。如果在臀部肌肉治疗之后，直腿抬高的起始阶段仍有困难，经过触诊证实髂腰肌已经僵硬并有压痛，继续斜刺治疗髂腰肌，直腿抬高功能可以完全恢复。

臀小肌位于臀中肌的前下方并覆盖于臀中肌之下，也呈扇形。臀小肌和闭孔肌起于髂骨外侧面前臀线和下臀线之间以及坐骨大切边缘，止于大转子前面。臀小肌可以使大腿外展或在远固定时辅助阔筋膜张肌拉动骨盆前倾；它的前部纤维可以使大腿旋内，在步行时可以把重心拉向支撑腿。

2. 臀小肌劳损的阿是穴斜刺治疗

患者侧卧、背向医生，对两腿位置要求和臀中肌治疗相同；触诊臀小肌条索出现压痛后，在髂骨外侧面髂前上棘下缘水平向后约三横指处垂直皮肤表面进针，过皮后，向大转子上端前缘臀小肌止点方向斜刺有关肌束的最硬点。

3. 股方肌劳损的诊断和治疗

上述的病例让我们想到：在梨状肌、臀中肌和臀小肌的症状缓解以后，直腿抬高能力还没有完全恢复时，需要触诊股方肌。股方肌起于坐骨结节外侧缘，止于股骨转子间嵴（参见图5-4-1）。在躯干固定时使大腿旋外，使我联想到大腿旋外和外八字脚的关系；大腿固定时使骨盆向对侧转动。股方肌的功能障碍还可能影响到大腿在髋关节屈的活动，因此，在进行直腿抬高试验大腿抬高不能完全正常时，用斜刺股方肌或用指针法点压股方肌，可以收到很好的效果。

二、梨状肌劳损的诊断和治疗

无论是运动医学或是有关软组织损伤的著作中，涉及臀部肌肉损伤时常会涉及"梨状肌综合征"。梨状肌（图 5-4-3）的主要部分起于第二至第四骶骨前面，通过坐骨大孔离开盆腔，止于股骨大转子上缘和内侧面，它的下缘紧挨着孖肌和闭孔内肌，止点的纤维也和上述的肌纤维相混。一般认为近固定时梨状肌能使大腿旋外和外展；远固定时，两侧同时收缩可以使骨盆后倾；髋关节屈时可以使大腿外展；也有认为梨状肌有拉股骨头向髋臼的作用。

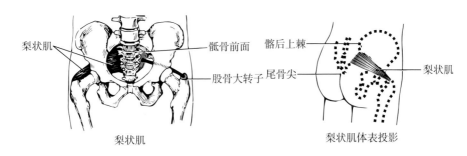

图 5-4-3　梨状肌

根据文献记载：梨状肌损伤综合征有原发和继发的区别，原发和继发的受伤机制不同。原发又有急性和慢性两种情况。原发的急性损伤发生在下肢外展位下蹲起立时，患者多有抬重物的伤病史，或站或蹲的"扭""闪"史。如为原发病变腰部无异常压痛。取髂后上棘与尾尖之间的中点和股骨大转子上缘的连线按压时，即可触到梨状肌有肿胀、硬韧、条索感，压痛明显。直腿抬高在 60° 前疼痛明显，超过 60° 时痛又减轻。直腿抬高大腿内收旋内时常疼痛（梨状肌试验）。原发性损伤的治疗用按摩或封闭疗法。封闭疗法：用泼尼松龙 25mg 加 1% 普鲁卡因 10ml 封闭，每周 1 次，2～3 次。继发性患者应以治疗原发病为主，再辅以局部治疗。陆一农在《实用颈腰背痛学》一书中指出：梨状肌综合征是引起坐骨神经痛的原因之一。比较详细地论述了梨状肌的解剖特点、病理变化、临床表现和诊断，在治疗方面提到了封闭和手术治疗。在最后作者指出：从大量临床病例分析，梨状肌综合征是极少见的，故临床应仔细检查分析，切勿轻易下梨状肌综合征的诊断。这很可能是由于在屈膝下蹲起立或是躯干前倾恢复直立活动时臀中肌等较强大的肌肉承担着主要工作的缘故。

在确诊是梨状肌损伤后，选择治疗方法时，如果用按摩或封闭疗法就可以治愈，当然不会采用手术治疗。但封闭疗法的作用究竟在于注射针的刺入还是药物的封闭作用？我们使用 4 ~ 6 寸的长针从大转子后面 1 寸左右进针，沿梨状肌长轴走向斜刺梨状肌，出

视频 13 梨状肌刺法演示

现针感后退针时我们观察到梨状肌劳损的症状可以完全缓解。因此，可以认为：用阿是穴斜刺针法治疗梨状肌损伤就足够了。至于有的患者害怕针刺，可以用指针法或按摩，也可以得到很好的疗效。

针刺梨状肌治疗时，要让患者侧卧，患侧向上，患侧腿屈髋屈膝并使膝落在治疗床上以使身体获得稳定支撑。进针点选在大转子顶部后方 1cm 左右，针刺的方向是从大转子向心刺入梨状肌内。

从高处落下、脚先落地，也可能导致梨状肌损伤。例如：一位男性患者，60 岁，八级瓦工，从 6 米高的脚手架上摔下来，经骨科诊断，腰椎 X 光片见有一节腰椎显著压缩，步行时左腿迈步正常，右腿仅能超出左脚半脚；仰卧直腿抬高试验，左腿抬起可达 90°，右腿仅可抬起约 15°；触诊右侧梨状肌僵硬并有明显压痛。斜刺梨状肌后，僵硬缓解，压痛消失，右腿直腿抬高试验可接近 90°，以指针法按压股方肌后，右腿抬起的高度和左腿相同；下床以后行走步态恢复正常。

梨状肌损伤有时会伴有坐骨神经压迫症状——"麻"，如果梨状肌的结构和功能恢复正常，"麻"会随之消失；如果梨状肌的结构和功能恢复正常后，"麻"仍然存在，应该进一步考虑其他可能引起坐骨神经症状的原因，如腰椎间盘突出、骨质增生压迫引起。如果梨状肌的结构和功能恢复正常后，沿坐骨神经走向仍然感觉"疼痛"，这

种现象可能和沿坐骨神经走向的劳损肌肉有关，如果通过用阿是穴斜刺治疗有关的劳损肌肉后，"疼痛"消失，说明"疼痛"是由于肌肉劳损引起的，与腰椎间盘突出和骨质增生的压迫没有关系。

三、阔筋膜张肌劳损的治疗

阔筋膜张肌（图5-4-4）位于骨盆侧面，起于髂嵴外侧唇前部，在大转子水平以下止于髂胫束。它有使骨盆前倾、使股骨外展和旋内的作用。阔筋膜张肌和臀大肌的对抗作用起着稳定骨盆前后位置的作用。但是，如果阔筋膜张肌发生结构改变，其中的某些肌束缩短僵硬，就可以使骨盆前倾而导致躯干前倾。有一位七十多岁的女性患者，就是由于一侧阔筋膜张肌的结构改变使骨盆前倾导致躯干前倾而使走路发生困难。斜刺阔筋膜张肌条索可以从下方进针向上刺入，用合谷刺针法促使僵硬肌束的结构和功能恢复，骨盆就会恢复到正常的位置，躯干也就会恢复直立姿势，走路也不再困难了。另外一位男性中年人，也是由于阔筋膜张肌出现条索导致躯干前倾，这位中年人学过人体解剖学，他自认为自己的问题出在髂腰

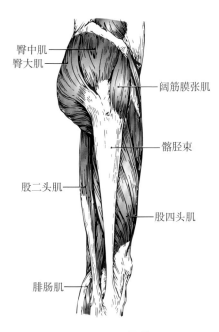

图 5-4-4　阔筋膜张肌

视频14　阔筋膜　　视频15　阔筋膜
张肌刺法演示（1）　张肌刺法演示（2）

肌上，是髂腰肌的收缩使他躯干前倾。但却在斜刺两侧阔筋膜张肌的条索后，他的身体姿势和步态都恢复了正常。

上述的病例使我们再一次看到：对肌肉劳损的诊断，我们不仅要

了解肌肉的解剖和肌肉的正常功能，还要了解肌肉的结构和功能改变时对人体的正常姿势和运动有什么影响。前者我们可以在解剖学书籍里学到；后者需要我们在学习中思考和在实践中的积累。

我在前面涉及阔筋膜张肌的起止点和功能的内容时，只是说"阔筋膜张肌位于骨盆侧面，起于髂嵴外侧唇前部，在大转子水平以下止于髂胫束。它有使骨盆前倾、使股骨外展和旋内的作用"，而2013年北京体育大学出版社出版的《运动解剖学》的作者就已经提到："阔筋膜张肌是起于髂前上棘，向下移行于髂胫束而止于胫骨外侧髁"，阔筋膜张肌的功能不仅有"使股骨外展和旋内"，还有"近固定时使阔筋膜紧张并使大腿屈"的记载；也让我联想到：直到现在（2019年2月25日）才发现我的书稿还只是"臀中肌可以使大腿外展""臀小肌的前部纤维可以使大腿旋内"；《运动解剖学》的作者明确地写道："臀中肌和臀小肌……二肌肌束均呈放射状排列，分为前、后两部分。""近固定时，使大腿在髋关节处外展；前部使大腿在髋关节处屈和旋内；后部使大腿在髋关节处伸和旋外。"使我深切地感受到：及时了解相关科学的新进展的重要。

一侧阔筋膜张肌、臀小肌、臀中肌过度劳累形成紧缩僵硬条索，导致骨盆和躯干向同侧倾斜的病例：

我的一位同窗好友，男性。34岁时曾患腰椎间盘突出症，63岁时又患腰椎管狭窄。此后，约每半年发作一次。1998年10月30日发作后，经治疗，至1999年3月1日症状完全消失。同年5月24日，他为了考验自己心脏的工作能力，步行走上第十层楼回家。由于很久没有步行上楼，当登上第五层楼时已经有些吃力，到第七层楼时感到很累，到第八层楼时已经走不动了，但他仍勉强坚持走上十楼。到达十楼已感到两腿发软，但心脏并没有异常反应，当晚腰部感觉有些不适。第二天上午腰痛加重，躯干明显向右倾斜。由于没有出现腰椎间盘突出和椎管狭窄症状，因而推断症状可能由于肌肉引起。当时观察到患者左髋高于右髋、左侧竖脊肌有明显压痛，经斜刺左侧腰方肌和竖脊肌有关痛点后，躯干恢复正常位置，疼痛消失。但延至当晚，躯干右倾和腰部疼痛症状又重复出现，只是程度略有减轻。第二天上午，患者在站立时躯干仍明显向右倾斜；用力抬起右髋使骨盆处在水平位时躯干位置可以恢复正常，但这时患者右脚却被提起只能用前脚掌触地，显示右腿似乎比左腿短；让患者坐在椅子上时躯干位置也可保持正常。根据患者躯干姿势异常的情况分析：患者站立时右髋低于左髋，两脚同时触地出现躯干向右侧倾斜，而坐位时躯干位置正常，这一现象反映了站立时左髋高于右髋并不是由于左侧腰方肌缩短把左髋提起，躯干右倾是由于右侧髋骨位置降低所致。而右侧髋骨位置降低则是由于右侧阔筋膜张肌、臀小肌以及臀中肌在远固定条件下牵拉右侧髋骨的结果。触诊右侧臀中肌、臀小肌以及阔筋膜张肌果然发现这三部分肌肉明显僵硬。斜刺右侧阔筋膜张肌、臀小肌以及臀中肌以后，症状消失，患者站立时躯干姿势恢复正常。第二天以及日后随访，患者反映，疗效巩固。这一病例说明：患者左侧竖脊肌和腰方肌的症状可能是代偿右侧阔筋膜张肌、臀小肌以及臀中肌所引起的骨盆和躯干向右侧倾斜的后果，这是我第一次遇到由于一侧阔筋膜张肌、臀小肌以及臀中肌在远固定条件下牵拉同侧髋骨向右侧倾斜导致躯干向同侧倾斜的病例。这一病例也说明了进行人体运动或姿势出现功能障碍时的肌肉工作分析对于准确诊断的重要作用。写在这里，供大家参考。

第五节　腿部骨骼肌劳损的诊断和治疗

　　腿部肌肉跨髋关节、膝关节、踝关节，起止于骨盆、大腿、小腿和足部，保证着人体的直立姿势，完成立、坐、蹲、起、走、跑、跳以及蹬离地面和支撑缓冲等使人体在空间移动的各种活动。因此，相关的肌肉由于过度的活动出现结构和功能改变时必然会影响身体姿势和下肢的活动能力。

一、大腿前群骨骼肌劳损的诊断和治疗

人在下蹲时如果感觉屈膝困难，或是不能屈到最大限度、蹲到最低，有时甚至完全不能弯曲，大腿和小腿就像一条直棍，如果不是膝关节的问题，可能主要和股四头肌出现僵硬的肌肉条索有关。

大腿前群股四头肌的结构和功能：

股四头肌主要部分分布在大腿前面、外侧面和内侧面深层，由股直肌、股中间肌、股外侧肌

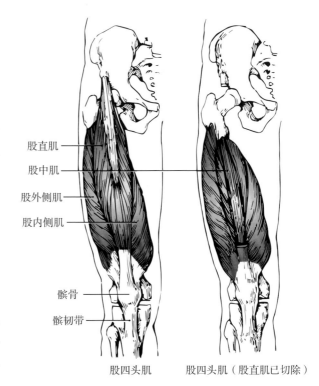

股直肌
股中肌
股外侧肌
股内侧肌

髌骨
髌韧带

股四头肌　　股四头肌（股直肌已切除）

图 5-5-1　股四头肌

和股内侧肌组成（图5-5-1）。股直肌据文献记载有三个起点：直头起于髂前下棘、反折头起于髂骨髋臼上方、反射头起于股骨大转子，三个起点的肌腱汇合后，肌腹在股中间肌的前面下行至髌骨上缘移行为肌腱，终止在髌骨上缘斜面，肌腱的两侧接受来自股外侧肌和股内侧肌止点的纤维。股中间肌主要起于股骨体前面和外侧面上三分之二部分，它的前面有腱膜把股中间肌和股直肌隔开，这样就保证了股直肌和股中间肌可以分别活动。但股中间肌在大腿中部很难和骨外肌分开、再往下也无法和股内侧肌分开。股外侧肌起于髋关节囊、转子间线上部、大转子下缘、臀肌粗隆外侧缘和股骨粗线上半，也有纤维来自髂胫束和外侧肌间隔。纤维下行向前移行为宽的肌腱，止于股直肌的肌腱、髌骨上缘斜面、髌骨外侧缘以及胫骨内侧髁的前部。股内侧

肌比股外侧肌大而重，它有一个很长的起点，从转子间线的下半、股骨粗线、内上髁线的上三分之二、内侧肌间隔和大收肌肌腱，止于股直肌肌腱、髌骨上缘和内侧缘以及胫骨外上髁前面等。股内侧肌的纤维一直延伸到髌骨，它的下部纤维的走向几乎是水平方向的；股内侧肌的肌腱还在髌骨下方斜下向外，和股外侧肌的肌腱交叉终止附着在胫骨外侧髁前部。髌骨实际上是股直肌、股中间肌、股外侧肌和股内侧肌肌腱里的籽骨，因此，股四头肌实际上是通过髌骨边缘和髌骨下角的髌韧带附着于胫骨粗隆的。

从总体的角度来看，股四头肌四个头协同活动，在近固定（就是肌肉在收缩时肌肉近端的起点不动）的条件下收缩可以使小腿在膝关节伸，就像人们在走路时一侧腿支撑、另一侧大腿前摆时，小腿在膝关节是处于屈曲状态的，在这样的条件下，股四头肌收缩使小腿在膝关节处伸直，然后落地支撑。在远固定（就是肌肉在收缩时肌肉远端止点相对不动）的条件下，例如我们从直立转为下蹲时，股四头肌随下蹲的角度加深、收缩逐渐加强，这时股四头肌是通过离心工作或者叫作退让工作控制着屈膝下蹲的速度和角度，因此，下蹲越深，股四头肌的工作负荷就越大，直到下蹲到最大限度时股四头肌才有可能完全放松；从屈膝下蹲转入伸膝起立时，股四头肌通过远固定向心工作或者叫作克制工作拉大腿向上使膝关节伸直。值得注意的是，从屈膝下蹲转入起立伸膝到膝关节角度大于 135° 时，股四头肌突然完全放松，这一现象反映，在从屈膝下蹲转入伸膝起立到膝关节角度大于135° 以后，股四头肌就不再参与伸膝，并通过屈膝下蹲和伸膝起立时的肌电图观察证实了这一过程；联想到后续的伸膝、伸足、屈趾可能是由臀部、大腿后群以及小腿后群的肌肉在远固定条件下继续完成的。

此外，了解股四头肌各自所特有的功能对于股四头肌功能障碍的诊断和治疗是非常重要的：股四头肌四个头除了协同活动在近固定收缩伸小腿和远固定伸膝起立的作用之外，在屈膝状态下股外侧肌还有牵拉髌外移和使髌骨沿矢状轴逆时针方向旋转的作用，股内侧肌则有拉髌骨内移和使髌骨沿矢状轴顺时针方向旋转的作用；股四头肌的四个头正常的协同活动，保证着髌骨和股骨关节面完全吻合的正常位置。

1. 股直肌劳损的诊断和治疗

股直肌劳损会引起屈膝困难：有些患者屈膝下蹲困难或上楼梯时膝痛，问题主要出在股直肌，在这种情况下，触诊股直肌的上半就会发现股直肌有明显的条索。由于股直肌的结构和功能改变，使股直肌不能放松、伸展，致使患者屈膝下蹲困难或上楼梯时

视频 16 股直肌刺法演示

膝痛，甚至不能屈膝。用阿是穴斜刺或指针法可以促使股直肌条索软化、结构恢复并使屈膝下蹲困难或上楼梯时膝痛等症状显著缓解或消失。有时，不仅涉及股直肌，还会牵涉股外侧肌。因此，在患者出现屈膝、下蹲或上楼、上台阶膝盖疼痛、下蹲起立伸膝时膝痛，除了触诊、治疗股直肌，还要注意自上而下地触诊股直肌外侧的股外侧肌外侧面中部有一个显著僵硬的压痛点、有时会在股内侧肌髌骨内侧和大腿内侧中下部深层有显著的僵硬痛点，斜刺这一僵硬痛的条索和斜刺上述各条索的最硬点可以使症状消失。

股四头肌的过度负荷还会激发胫骨粗隆骨软骨炎。因此，适度地控制股四头肌的活动，对于预防股四头肌损伤和胫骨粗隆骨软骨炎有同样重要的作用。

2. 股内侧肌劳损的诊断和治疗

1958 年我在北京体育学院运动生理研究生班毕业后留校成为运动生理教研室的助教，在完成教学任务的同时还参与了保证一位成绩接近全国最高水平的少年女子跨栏运动员训练的研究工作，由于能力所限，她只经过三个月训练就在一次过栏腿着地时出现膝痛、

视频 17 股内侧肌刺法演示

膝软，支撑无力。当时的医学诊断都是集注意于髌骨软骨的损伤；此后就不能继续训练；由于她学习成绩也很好，在继续完成本科学习后留校成为田径教研室的教师。我的这一经历促使我的后半生除了教学工作外，从学习有效的治疗方法入手，逐步走上了对人体骨骼肌劳损的治疗和预防。此后，逐渐注意观察到举重运动在下蹲后伸膝起立时，常常出现大腿内收膝关节内扣，通过太极拳练习三个月到半年以后会感到膝痛膝软，以及一些有关太极拳动作图解的照片有不少的示范动作在屈膝下

蹲时大腿内收、小腿旋外、大腿小腿和脚不在同一平面；这一现象是身体总重心移向屈膝下蹲的支撑腿时由于躯干沿纵轴转向对侧带动骨盆旋转

图 5-5-2　打太极的动作

而导致大腿内收、膝关节内扣的结果（图5-5-2）。

　　当膝关节伸直的时候，由于内、外侧副韧带的作用使大腿和小腿的旋内和旋外活动完全一致，但人体在日常生活和体育锻炼屈膝转体、大腿内收膝关节内扣影响髌骨位置的时候（图5-5-3），在支撑腿屈膝条件下躯干逆时针方向垂直转动就会带动大腿内收、膝关节内扣，导致小腿相对旋外；股四头肌 - 髌骨 - 髌腱、胫骨粗隆之间形成一个向外的夹角；屈膝下蹲的时候，股四头肌的收缩就会同时发生一个拉动髌骨外移的水平分力拉髌骨外移、髌骨逆时针回旋。

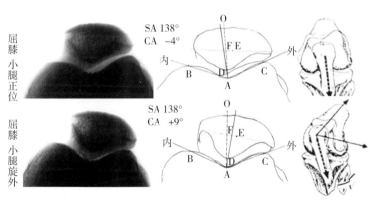

注：迭合角和EF值的测量方法：在 X 光片描记图上找出股骨内髁和外髁的最高点 D、C 和髁间沟最低点 A（见上图），角 CAD 叫做沟角（SA），等分沟角，等分线 OA 作为零位参考线，用直尺平行髌骨的横轴移动找出髌骨的最低点 D，连 AD 并延长之，角 OAD 即为迭合角（CA）。在零位参考线内侧为"-"，外侧为"+"。以髌骨横径的中点 E 定为髌骨重心，重心 E 到零位参考线 OA 的距离即为 EF 值。

图 5-5-3　屈膝转体大腿内收膝关节内扣对髌骨位置的影响

说明：A- 髁间沟最低点；B- 内髁最高点；C- 外髁最高点；D- 髌骨关节脊最低点；P- 髌骨重心；AO- 沟角分角线；CAB- 或 SA- 沟角；OAD 或 CA- 迭合角。

    1997 年 9 月《北京体育大学学报》发表张妍的研究结果证明："髌骨劳损"患者由于支撑腿远固定屈膝下蹲 – 转体大腿内收膝关节内扣而使小腿相对旋外、屈膝下蹲时股四头肌的收缩引起髌骨外移，重复这样的屈伸动作导致股内侧肌劳损，牵拉髌骨内移和逆时针回旋导致髌骨关节错位滑动逐渐积累而最终导致髌骨软骨损伤。点揉髌骨劳损患者患肢的血海穴使患肢股内侧肌肌电积分值下降、髌骨外移回旋复位、伸膝力量加大，屈膝时膝痛膝软消失；为上述的认识提供了实验证据。(图 5-5-4、图 5-5-5、图 5-5-6)。

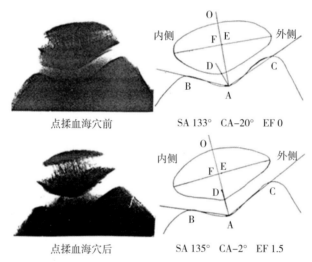

点揉血海穴前   SA 133°　CA-20°　EF 0

点揉血海穴后   SA 135°　CA-2°　EF 1.5

图 5-5-4　点揉血海穴前、后迭合角和 EF 值的比较

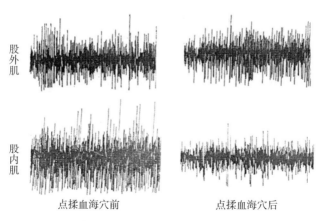

点揉血海穴前   点揉血海穴后

图 5-5-5　点揉血海穴后股内侧肌和股外侧肌肌电图的变化

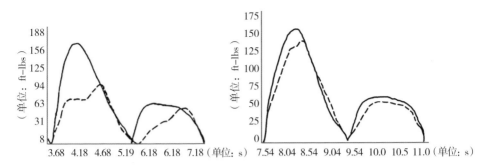

图 5-5-6　点揉血海穴前后股四头肌力矩曲线的变化

注：保留原始文献中计量单位。

上述的研究结果使我们认识到：髌骨劳损膝痛膝软的根本原因是，没有认识到屈膝移动时正确的动作结构、身体各环节活动的顺序会引起骨内肌劳损，进而导致髌骨软骨损伤而最终造成关节活动障碍；由此联想到：认识人体活动的规律，学习运动生物力学、运动解剖学、运动生物化学以及有关学科知识的重要！

用阿是穴斜刺治疗股内侧肌劳损可以得到很好的疗效，但更重要的是：在人体活动时注意活动动作的动作结构和环节活动的顺序，必须保证"大腿、小腿、脚一定要保持在同一平面参与活动"以防止出现股内侧肌劳损！

3．股外侧肌劳损的诊断和治疗

股外侧肌劳损时，触诊患者大腿外侧面中部稍微偏上一点，会触到一个显著的压痛点；根据压痛点的深度从压痛点下方或上方选择适当的距离作为进针点，垂直进针过皮后适度倾斜针体、准确地斜刺进入僵硬肌束的最硬点，用合谷刺针法进行治疗，可以有效地促进股外侧肌的结构和功能恢复。

视频 18　股外侧肌刺法演示

二、大腿后群骨骼肌肉劳损的诊断和治疗

大腿后群肌肉劳损会使膝关节不能完全伸直：大腿后群肌肉劳损在短距离赛跑运动员和跳远运动员中比较多见。大腿后群肌劳损会使

膝关节不能完全伸直，而影响走、跑、跳的动作结构和活动能力。大腿后群肌包括外侧的股二头肌的长头和短头（图5-5-7），长头起于坐骨结节，短头起于股骨粗线外侧唇的下部。长头下外侧行，在大腿下三分之一处与短头联合，联合后便转为肌腱，终止于腓骨小头。大腿后群内侧的有半腱肌和半膜肌：半腱肌和股二头肌起于坐骨结节内侧，半腱肌下行于半膜肌之上，肌纤维下行过程中逐渐与股二头肌分离，止于胫骨内侧面上部缝匠肌和股薄肌止点之后。半膜肌起于坐骨结节外部，向下移行于半腱肌和股二头肌深层，止于胫骨内髁水平沟后内侧面，一部分肌腱移行为腘斜韧带。在跑步的后蹬阶段，伸髋和伸膝几乎同时进行，这就要求大腿后群肌肉迅速收缩使大腿后伸，又在相继后蹬伸膝时迅速地伸展拉长。如果大腿后群肌肉由于过度负荷已经导致收缩结构改变和收缩伸展功能下降，使收缩不能迅速转为伸展，在这种情况下，近端固定的强力缩短和远端固定的迅速拉长同时作用在肌肉上，这可能是导致赛跑运动员在全速快跑的后蹬阶段大腿后群肌肉容易拉伤的原因。因此，对于大腿后群

视频19 股二头肌
刺法演示

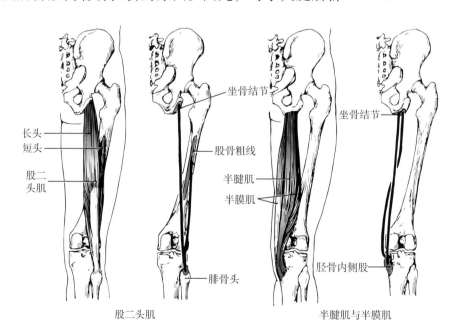

图 5-5-7 大腿后群肌

肌肉的训练，首先要根据个体的承受能力和活动后的恢复情况适度地安排活动，还要注意在提高它们收缩能力的同时注意提高它们的伸展功能；要特别注意及时检查大腿后群肌肉的结构和功能状态，一旦在触诊按压大腿后群肌肉时出现酸痛或僵硬条索，就反映这些肌肉已经处于过度负荷状态，应立即调整训练、降低负荷，同时加强对股后肌群的静力牵张伸展练习以促进恢复。阿是穴斜刺对治疗慢性肌肉劳损和急性肌肉拉伤同样有很好的疗效，是因为它们都是在超过习惯负荷所引起的细胞结构变化的基础上发展起来的，从损伤的发展过程分析联想到：急性肌肉拉伤是在慢性肌肉劳损基础上的急性发作。

大腿后群肌肉劳损的治疗：

在一般情况下，让患者俯卧，注意全面检查股后肌群每一肌肉。针刺方向一般多自远端刺向近端。如压痛点接近坐骨结节时，可令患者侧卧，患肢在上，令患者尽量屈髋、适度屈膝，采取这种姿势，术者比较容易准确刺中痛点；针刺方向一般仍是自远端刺向近端。要特别注意针刺治疗以后 1 ~ 2 日内停止可能引起疼痛的动作，以后也要注意逐渐增加大腿后群肌肉的工作负荷，以使其结构与功能逐步恢复到原有的最高水平时才能进行较大强度的训练。这样才有利于避免重复损伤。

由于大腿后群肌肉在走跑活动时参与工作的特点，即使不参与运动活动的人，也会出现大腿后群肌肉劳损。最近有一位老年患者，她走路时膝关节不能伸直，她说"大腿后面中下部有一大坨东西"。用拇指从大腿后面垂直按压时，没有感觉肌束硬度有明显变化，但用拇指和食指放在后群肌肉两侧横挤压，可以感到肌肉的横径和上部比较，明显增大。用阿是穴斜刺针法刺入膨大部分后，股后肌的结构恢复正常，膝关节可以伸直，走路的步态也恢复正常。

半膜肌损伤经过阿是穴斜刺治疗后，胫骨内髁水平沟后内侧面半膜肌止点的疼痛会随之消失。

三、大腿内侧肌肉劳损的诊断和治疗

大腿内侧群肌肉包括：耻骨肌、长收肌、短收肌、大收肌和股薄

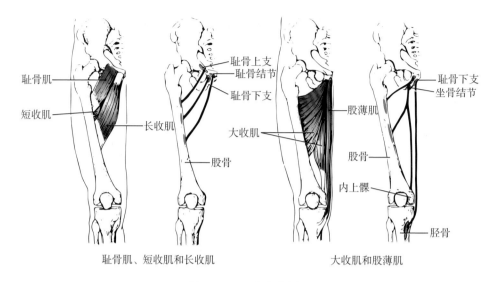

图 5-5-8　大腿内侧肌

肌（图 5-5-8）。大腿内收肌劳损会导致大腿外展困难和骨盆倾斜。

　　耻骨肌呈长方形，位于髂腰肌内侧，起于耻骨上支的髂耻突起和耻骨结节之间，其纤维向外下行于腰大肌和长收肌之间、短收肌上部之前，止于股骨小转子以下股骨粗线的内侧唇。

　　长收肌呈三角形，位于耻骨肌内侧，起于耻骨上支和耻骨结节，纤维向外下方逐渐扩展，止于股骨粗线内侧唇中部。

　　短收肌位于耻骨肌和长收肌深面，比长收肌短而厚，约呈三角形。起于耻骨下支，长收肌和股薄肌外侧，纤维向外下，止于股骨粗线内侧唇的上部。

　　大收肌呈三角形，是大腿内侧群肌肉中最强大的一块肌肉，它起于坐骨下支和耻骨下支；止于股骨粗线内侧唇全长和股骨内上髁。

　　股薄肌是长而薄的肌肉，位于大腿内侧，起于耻骨下支短收肌起点的内侧，沿大腿内侧下行，肌腱止于胫骨内侧面上部缝匠肌止点之后、半腱肌止点之前。

　　内收肌群的劳损多是由于大腿过度外展引起的。因此，在人们大腿外展功能出现障碍时常可在内收肌群中找到明显的条索和压痛点。用阿是穴斜刺针法治

视频 20　内收肌刺法演示

疗可以收到很好的疗效。也有的文献里提到：有些内收肌的活动可以影响骨盆位置的改变。例如：耻骨肌的收缩可以使骨盆倾斜。

四、小腿肌肉劳损的诊断和治疗

小腿肌肉参与走、跑、跳等蹬离地面和支撑缓冲的活动，是使人体得以在空间运动的重要肌肉。突然增加这些活动的数量和强度都可能引起小腿肌肉的结构和功能改变或是小腿骨骼肌劳损，还可以引起小腿骨骼肌在小腿骨、跟骨或足骨肌腱附着点的病理变化和疼痛。

小腿肌肉可以分为前群、外侧群和后群三组（图5-5-9、图5-5-10、图5-5-11）：前群有胫骨前肌、跚长伸肌、趾长伸肌和第三腓骨肌；外侧群有腓骨长肌和腓骨短肌；后群又可分为浅层和深层，浅层有跖肌、腓肠肌和比目鱼肌，深层有腘肌、趾长屈肌、跚长屈肌和胫骨后肌。小腿后群的腓肠肌和比目鱼肌共同组成小腿三头肌。腓肠肌有内

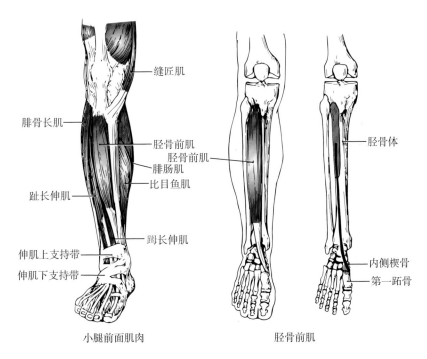

缝匠肌

腓骨长肌

胫骨前肌
胫骨前肌
腓肠肌

比目鱼肌

趾长伸肌

跚长伸肌

伸肌上支持带

伸肌下支持带

胫骨体

内侧楔骨
第一跖骨

小腿前面肌肉　　　　　胫骨前肌

图 5-5-9　胫骨前肌

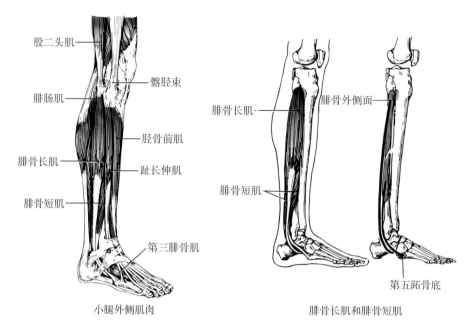

股二头肌
髂胫束
腓肠肌
胫骨前肌
腓骨长肌
趾长伸肌
腓骨短肌
第三腓骨肌

小腿外侧肌肉

腓骨长肌
腓骨外侧面
腓骨短肌
第五跖骨底

腓骨长肌和腓骨短肌

图 5-5-10　腓骨长肌和腓骨短肌

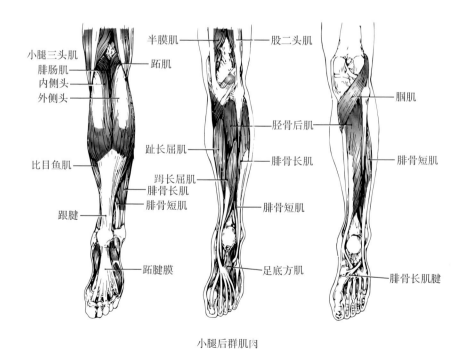

小腿三头肌
腓肠肌
内侧头
外侧头
比目鱼肌
跟腱

半膜肌
跖肌
趾长屈肌
𧿹长屈肌
腓骨长肌
腓骨短肌
跖腱膜

股二头肌
胫骨后肌
腓骨长肌
腓骨短肌
足底方肌

腘肌
腓骨短肌
腓骨长肌腱

小腿后群肌肉

图 5-5-11　小腿后群肌肉

侧和外侧两个头，内侧头起自股骨内上髁，外侧头起自股骨外上髁。内外侧头移行于一个宽的膜质的肌腱并和比目鱼肌的肌腱共同组成跟腱止于跟骨后面中部。比目鱼肌起自腓骨头和腓骨体上三分之一的后面、胫骨比目鱼肌线以下和胫骨内侧缘中三分之一以及胫腓骨之间的腱弓，肌腱和腓肠肌肌腱汇合组成跟腱，止于跟骨后面中部。一般认为，腓肠肌和比目鱼肌是使足跖屈的主要肌肉，但在远固定的条件下，在站立时，膝关节伸直的条件下直膝提踵、提起脚跟，腓肠肌会有较强的收缩而比目鱼肌的收缩相对较弱；相反，在屈膝提踵时腓肠肌的收缩就会相对减弱、比目鱼肌收缩会显著增强。

小腿后群深层的肌肉包括趾长屈肌、踇长屈肌和胫骨后肌。趾长屈肌在小腿后部大部分被比目鱼肌所掩盖，仅在踝关节以上的一小部分露在小腿内侧。趾长屈肌的肌纤维起自比目鱼肌线以下胫骨体后面的内侧部以及包围它的筋膜，肌腱在内踝胫骨后肌肌腱外侧跨过胫骨下端转到足底，分成四条腱，分别行向第二至第五足趾，穿过趾短屈肌腱，止于末节趾骨基部下面。踇长屈肌起于腓骨体后面下部，长腱经内踝转至足底，止于踇指末节趾骨底。趾长屈肌、踇长屈肌是重要的屈足屈趾肌并使足内翻；胫骨后肌在小腿三头肌深层，趾长、踇长屈肌之间。起于胫骨、腓骨和骨间膜后面；长腱经内踝转至足底内侧，止于舟骨粗隆和 3 块楔骨。近固定使足在踝关节屈和内翻，远固定保持足尖站立。这组肌肉在跑、跳时不仅参与屈足屈趾蹬离地面的蹬伸工作，也参与落地时的缓冲和支撑活动。

人们在跑跳时屈足屈趾的蹬伸活动是在屈膝条件下完成的，由于在屈膝条件下腓肠肌的屈足提踵作用减弱，在这种情况下，无论是落地时的支撑缓冲还是蹬离地面的屈足屈趾活动主要都是由比目鱼肌、趾长屈肌、踇长屈肌和胫骨后肌完成。因此，突然显著超过习惯负荷或是反复过度负荷的跑跳以及长途行军、登山等活动都可能导致上述肌肉的结构和功能的改变或劳损。

1. 胫骨前肌和趾长伸肌劳损的诊断和治疗
胫骨前肌起于胫骨外侧髁和胫骨体外侧面的上

视频 21 胫骨前肌
刺法演示

三分之二、骨间膜和包绕胫骨前肌的深筋膜，其下三分之一移行为肌腱向下、向内至胫骨远端绕至足内侧缘，止于第一楔骨和第一跖骨底。它的作用是使踝关节背屈，在步行时拉支撑腿的小腿向前而使身体向前、使摆动腿的足抬起。胫骨前肌可以使足内翻，它和腓骨长肌的协同活动维持着足横弓。胫骨前肌还是完成屈膝、落地支撑缓冲的重要肌肉。在有的运动项目，如速度滑冰，运动员下肢比较长时间的处于屈膝支撑缓冲状态，过大的负荷可能导致运动员胫骨前肌僵硬疼痛，甚至使运动员不能完成屈膝支撑的动作。在发现胫骨前肌过度负荷时，也要注意检查趾长伸肌的状况。因为趾长伸肌除了伸趾的功能以外，在步行时还具有和胫骨前肌一样的作用。趾长伸肌位于胫骨前肌外侧，起于胫、腓骨上端，下行分为五条肌腱，内侧四条分别止于2～5趾中节和远节趾骨背侧近端，最外侧一条肌腱止于第五跖骨背侧近端，称为第三腓骨肌。如果发现趾长伸肌也有僵硬条索时，应同时予以治疗。

2. 腓骨长肌和腓骨短肌劳损的诊断和治疗

腓骨长肌在小腿外侧，起于腓骨外侧上方，肌腱经外踝转至足底，止于内侧楔骨和第一跖骨底。腓骨长肌使足在踝关节处屈和足外翻，并与胫骨前肌的肌腱共同在足底形

视频 22　腓骨长肌　　视频 23　腓骨短肌
刺法演示　　　　　刺法演示

成肌襻，维持内、外足弓和足横弓。腓骨短肌在腓骨长肌的深层，起于腓骨外侧面下方，止于第五跖骨底，能使足在踝关节处屈和维持外侧足弓。过度负荷的跑、跳、行军、登山等活动也可能引起腓骨长肌和腓骨短肌僵硬疼痛，阿是穴斜刺同样可以缓解腓骨长肌和腓骨短肌的症状。

有些患者臀部肌肉僵硬疼痛和腓骨长、短肌的僵硬疼痛同时存在，针刺臀部肌肉后，臀肌症状缓解，腓骨长、短肌的症状并无改变。针刺腓骨长、短肌后症状即可完全消失。因此，不宜把腓骨肌损伤列入"坐骨神经痛"的范畴。

3. 腓肠肌和比目鱼肌（图5-5-12）劳损的诊断和治疗

人在过度的跑跳活动后易忽视后继的休息和后继活动强度与数量调整，比目鱼肌结构在没有恢复的条件下重复活动，使肌肉结构的改变逐渐积累而过渡到即使给予很长时间停止活动

视频24　腓肠　　视频25　比目鱼肌
肌刺法演示　　　刺法演示

的休息也不能恢复的状态，肌肉变得僵硬、收缩伸展功能下降，这样，在活动过程中还会加大在蹬伸和支撑缓冲时跟腱对跟骨附着点的受力，导致跟腱和跟骨的病变和疼痛。因此，在治疗跟腱和跟骨的病变时千万不要忽视对小腿三头肌特别是对比目鱼肌的治疗！触诊检查，腓肠肌僵硬的条索多在内、外侧头的两侧；在触诊检查比目鱼肌时，由于比目鱼肌是羽状肌，肌束是从比目鱼肌内外两侧向内向下终止在中心腱，在触诊时内外两侧常常可以发现不止一组斜行的僵硬条索；用阿是穴斜刺针法分别针刺一组条索，才有可能促进比目鱼肌的结构和功能恢复，并观察到完成动作时，跟腱止点疼痛消失或显著缓

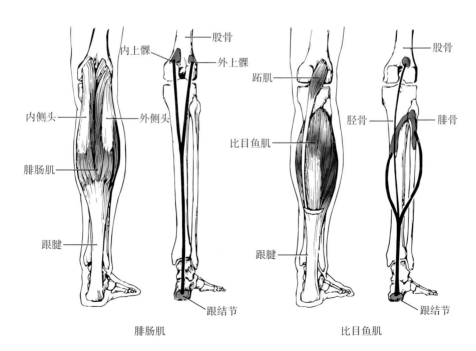

图5-5-12　腓肠肌和比目鱼肌

解。在治疗后要是从比目鱼肌两侧斜行向内、向下，以及注意调整逐渐增加比目鱼肌的工作负荷，使比目鱼肌肌肉的结构和腱功能得以逐渐增强。注意防止因急于求成迅速增加负荷而导致重复损伤。

4. 趾长屈肌劳损的诊断和治疗

趾长屈肌起于胫骨后面，过度负荷引起趾长屈肌结构和功能的改变可能导致在完成跑跳动作的支撑缓冲时使胫骨骨膜受到过度牵拉，引发胫骨骨膜的炎症，即所谓胫骨疲劳性骨膜炎。当胫骨骨膜出现症状时，首先要考虑到趾长屈肌的结构和功能的变化，触压胫骨内侧缘下部后面可以发现趾长屈肌明显压痛；用阿是穴斜刺针法自上向下斜刺趾长屈肌，可以促进趾长屈肌的结构和功能恢复。在针刺治疗后，可以观察到完成动作时，胫骨骨膜疼痛消失或显著缓解和功能恢复。在针刺治疗后，可以观察到完成动作时，胫骨骨膜疼痛消失或显著缓解。在治疗后同样要特别注意调整并逐渐增加跑跳活动，防止因急于求成迅速增加趾长屈肌的工作负荷而导致重复损伤。忽视长期重复过度的跑跳活动将导致趾长屈肌劳损、继发胫骨疲劳性骨膜炎，甚至胫骨疲劳骨折的可能性。趾长屈肌劳损的阿是穴斜刺治疗可以在内踝上四横指胫骨内缘内侧趾长屈肌的最痛点以上进针，过皮后向下并略向内斜刺入最痛点。其他小腿肌肉劳损的阿是穴斜刺一般也都是在最痛点以上适当距离进针，过皮后刺向最痛点。由于比目鱼肌是羽状肌，肌纤维从比目鱼肌两侧斜行向下，因此，触诊检查时，需要在肌腹的两侧自上而下，最痛点可能不止一个，针刺治疗时，需要考虑患者的承受能力适度治疗，进针走向可能以和肌纤维走向平行为好，仅供参考（图5-5-13）。

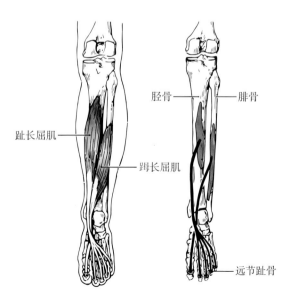

胫骨

腓骨

趾长屈肌

姆长屈肌

远节趾骨

图 5-5-13　小腿后群深层的屈肌

在生活实践和实验研究中都已经观察到：肌肉的结构和功能"用进废退"，不用超过习惯的工作负荷就不能提高。但过度的重复超过习惯负荷的肌肉活动就会导致肌肉收缩结构的改变，形成僵硬程度不同的条索、收缩，伸展功能下降，继续超负荷的活动就会引起肌肉在骨的附着部位疼或骨关节受到伤害。

第六章

体育与健康——人体骨骼肌劳损的预防

在赵继祖医生的指导下，我们学习和继承了我国传统医学用阿是穴斜刺治疗人体骨骼肌劳损的针法，通过六年多治疗实践，证实了这一疗法具有疗效高、见效快等突出优点，可促使患者迅速地恢复正常活动，同时让我们逐渐认识到，骨骼肌劳损无论在运动员还是一般人中都是多发常见的，也促使我们联想到应该进一步了解骨骼肌的病因和阿是穴斜刺为什么会有这样好的疗效！我们经过蔡良婉老师的指点和介绍，得到了曹天钦老师的指导以及北京、上海20多家单位的支持帮助，用免疫电镜观察的结果证实了曹老师关于"骨骼肌的收缩结构是由收缩蛋白组成的，超过习惯负荷的肌肉活动后延迟性收缩结构的改变是收缩蛋白结构改变的结果"的论断。进而认识到延迟性收缩结构改变的范围、变化程度和活动负荷所引起的收缩蛋白分解代谢优势、收缩蛋白分解代谢优势自然转化为合成代谢优势的一过性特点的关系，以及超过习惯负荷的肌肉活动后延迟性收缩结构的改变和延迟性酸痛的关系。由于延迟性收缩结构改变有向两个相反方向发展的可能，从而进一步认识到：肌肉劳损的机制是"在没有恢复的状态下，重复超过习惯负荷的肌肉活动，导致延迟性收缩蛋白分解代谢优势的积累而失去了自然转化为合成优势的能力、收缩结构相对稳定在改变状态"；病因是"过度的肌肉活动"；阿是穴斜刺对治疗肌肉劳损的作用机制是："通过迅速恢复从收缩蛋白分解优势转变为合成优势的能力，加快了收缩蛋白的组装合成过程，导致肌肉收缩结构恢复"。为进一步探索肌肉劳损的预防、体育锻炼对于人体结构和功能影响的机制、人体骨骼肌活动规律等铺平了道路。

在探索人体骨骼肌活动规律的过程中才逐渐认识到：

从人体活动的角度来看：人的一生是在不断地改变身体姿势和重复完成各种动作活动的过程中度过的，人体的一切活动最终都是通过骨骼肌活动实现的；随年龄的增长，骨骼肌的活动随学习、生活和工作内容以及环境条件的不同而改变。

虽然所从事政治经济、科学技术、环境保护、文化教育、医疗保健、饮食营养、文娱体育等各领域的工作最终也同样是通过骨骼肌活动完成的，但是，不同的工作领域，不同骨骼肌活动的动作结构、活动的性质、活动强度、重复次数、持续时间和活动能力的恢复过程也是不同的。骨骼肌的活动会带动各器官系统的活动改变，各器官系统的结构和功能改变也会反过来影响骨骼肌的结构和功能。

不仅完成生活、学习、工作等各项建设工作和保卫各项建设成果需要健康的身体保证，享受我们各项建设的成果和来之不易的美好生活同样需要身体健康！

这些相互联系促使我们联想到通过体育锻炼增强体质、增进健康、提高骨骼肌的活动能力和预防骨骼肌劳损的重要性！

人体在完成各种肌肉活动的时候，因着所完成活动的动作结构、工作强度、重复次数、组间间歇和持续时间不同，对参与活动的骨骼肌以及其他器官、系统的功能影响也不一样。在已经适应的活动负荷的基础上重复活动，如果不再增加活动负荷，骨骼肌的活动能力就会稳定保持在已有的水平；如果在后续的重复活动中提高了活动负荷，骨骼肌以及身体各器官、系统的活动能力和物质代谢的水平就会随之提高；如果在后续的重复活动中参与活动的骨骼肌比较少、活动的强度也比较低，骨骼肌和身体其他各器官的功能也会随之降低。因此，要提高骨骼肌和各器官系统的活动能力就必须进行超过自身已经习惯承受的负荷的活动。但是，"进行超过习惯负荷的肌肉活动，会在活动停止后引起延迟性的收缩蛋白分解代谢优势（或者叫作降解优势），导致收缩结构发生不同程度的改变，收缩和伸展能力下降、肌肉硬度升高，并会逐渐出现不同程度的酸痛（延迟性肌肉酸痛）。这种延迟性的结构和功能改变，经过一定时间的休息并调整后继活动负荷，可以自然地转化为合成代谢增强而促使收缩结构和功能恢复。这一过程（包括从增加活动负荷诱发的延迟性分解代谢引起延迟性收缩结构改变和酸痛到自然转化为合成代谢增强，结构和功能恢复）的时间长短取决于活动负荷提高的幅度和个体承受能力水平，因此，根据个体的承受能力区别对待，选择适当的活动内容、适度超过习惯负荷的活动强度和数量，劳逸结合地通过适度休息和调整后续活动的内容，保证超过习惯负荷引起的收缩蛋白分解代谢优势造成的收缩结构改变自然转化为合成代谢优势的能力。在这样的重复活动的过程中，合成代谢的能力就会逐渐积累、增强，超过习惯承受能力的肌肉活动引起的延迟性收缩蛋白分解代谢优势造成的收缩结构改变和延迟性肌肉酸痛就会逐渐减轻，直到合成能力和分解优势平衡了、延迟性收缩结构改变和酸痛不再出现，反映骨骼肌和身体各器官、系统的结构和功能的增强已经适应了所提高的负荷活动。至于在这种状态下是否可以立即开始新的适度提高负荷的活动，还是需要一个巩固现已提高的过程、之后再进一步提高负荷，是有待研究、解决的问题。

但是，在超过习惯负荷的肌肉活动后，诱发的收缩结构蛋白的降解优势还没有自然转化为合成代谢优势，或是虽然已经转化为合成代谢优势，但收缩结构还没有完全恢复，此时继续重复超过习惯负荷的肌肉活动，就会导致分解代谢优势逐渐积累，而使收缩蛋白失去了分解代谢自然转化为合成代谢优势的能力，使收缩结构相对稳定在结构改变状态，发展成为病理性劳损。在这样的背景条件下，继续反复过度的超负荷的活动，将导致延迟性收缩蛋白分解优势逐渐加强、收缩结构解体的范围加大、变化的程度逐渐加重，而使肌束形成僵硬程度不同的条索、收缩伸展功能下降，引起身体姿势的改变、关节活动障碍、骨骼肌本身和它在骨的附着部位出现程度不同的疼痛。或是在慢性劳损的背景条件下，进行突然强力的活动而引起慢性劳损的急性发作，等等。特别是在竞技体育比赛之前，大运动量训练已经造成劳损，临赛前还进一步加强训练，就可能导致劳损程度加重，甚至出现急性发作。由此可见，"在重复超过习惯负荷的肌肉活动之后，通过休息和调整后继的活动负荷，保证由于超过习惯负荷活动所引起的降解优势自然地转化为合成代谢优势，是收缩结构和功能恢复、增强的必要条件"。我校出版社引进出版的美国图书《运动生理学》（2008年版）在论述机体对抗阻训练的适应时提到，"产生最大力量的能力将在数日或数周内逐渐恢复"，提醒我们：在为提高骨骼肌活动能力需要进行超过已经习惯的活动负荷的时候，如果使用个体习惯承受能力的最大活动负荷，它所需要恢复的时间为"数日到数周"。如果我们需要比较短的时间间隔进行重复的肌肉活动，就不能采用"最大的活动负荷"，而应该"适度"减少重复的次数或降低提高的幅度；同时，由于每个人的承受能力不同，同一活动负荷对不同承受能力的个体的影响也不一样，因此，就需要根据每个人从事的活动项目的需要、个体的承受能力，"区别对待"地研究确定"适度活动"的次数或提高的幅度。那么，在人一生的各个年龄段里，"适度活动"的"度"应该怎么掌握？

目前评定肌肉活动后活动能力的恢复，比较常用的生理指标有脉搏、血压和血液、尿液成分等，是否应该根据需要对骨骼肌负荷后结构、功能变化进行综合评定，例如：

通过对骨骼肌工作活动能力和动作结构的变化评定骨骼肌的功能状态：如果工作活动能力下降、动作结构失常，反映活动能力还没有恢复，就必须调整活动内容、减少活动数量、降低活动强度、注意观察。如果经过调整，活动能力逐渐恢复，就继续调整、促进，直到完全恢复到增加负荷前的活动能力水平；如果在调整负荷后，观察不到促进恢复的效果，甚至观察到活动能力继续下降，就需要考虑新的调整方案，并取得医生的帮助进行诊断、治疗。因此，良好的锻炼效果需要教练、运动活动的参与者和医务、科研工作者的协同配合、共同努力。

测定肌肉硬度以评价负荷是否"适度"。在超过习惯负荷的肌肉活动以后，由于延迟性收缩结构蛋白的降解优势导致收缩结构改变，引起骨骼肌硬度提高、收缩伸展功能下降等一系列的结构和功能改变。正常的骨骼肌放松时是柔软的，少量肌节的结构改变我们不会有明显清晰感觉，因此，希望可以研发出能够反映少量肌节结构改变还没有恢复正常的指标和仪器监测，或者能用指尖触诊发现参与活动肌肉的硬度的轻度变化来作为评价的参考。

用"延迟性酸痛"出现程度的轻重和"缓解、消失"，作为评价"活动能力恢复"的指标；根据个体活动的需要和承受能力水平，选择适当的活动的动作结构、活动的强度、重复次数、间歇时间等，并保证在重复活动的过程中酸痛逐渐减轻直到完全消失，在这样的基础上"循序渐进"。然而还需要注意：小强度、长期重复的肌肉活动，例如：理发师、牙科医生、钢琴家的手部肌肉活动，甚至长时间的电脑操作造成"鼠标手"，动眼肌或肩部、腰部肌肉劳损，日积月累，肌束也会逐渐变硬，但如果不受到按压常常并不感到疼痛！长期静坐、不进行体育锻炼，也会导致有关的骨骼肌和其他器官系统出现失用性萎缩、功能减弱消退，这些情况至今还没有引起人们的关注！应该怎样防止上述现象的积累，还有待研究解决！

通过定量肌电图和其他功能指标的变化评价。张妍的实验证明：下肢活动时，由于动作结构不当，导致股内侧肌劳损后屈膝下蹲时，由于股内侧肌肌束劳损的收缩结构紧缩、僵硬，失去了收缩伸展能力，却牵拉髌骨内移、髌骨沿矢状轴回旋而使髌骨和股骨的关节面不能完全吻合，出现膝痛、膝软，收缩力量曲线却较低并出现切迹，但肌电活动显著增强。这可能是由于收缩蛋白优势的积累导致收缩结构改变，或是主要承担工作的肌束失去了收缩伸展能力之后邻近肌束附加参与活动的结果。经过治疗后肌电活动明显降低，但股内侧肌收缩力量明显加强，屈膝下蹲时膝痛膝软的症状完全消失。对比上述结果可以认为：通过测定肌电活动、结合对其他功能变化分析判断，可以作为评价负荷是否"适度"的参考。

由于每一个人对骨骼肌活动的内容和承受能力都不完全相同，因此，对不同个体的适度活动负荷就必须"区别对待"。在区别安排个体"适度"提高活动内容和负荷以后，还必须注意"劳逸结合"，因为即使在适度超过已经适应的习惯负荷的肌肉活动以后，过度地重复最大负荷的肌肉活动，也可能诱发延迟性的收缩蛋白的分解代谢优势、而使收缩结构发生不同程度的延迟性改变，导致骨骼肌硬度提高、收缩和伸展功能下降和延迟性酸痛；需要通过适当的休息、调整后续活动负荷以及适当的治疗才能促进恢复！在适度提高活动负荷以后，通过劳逸结合促进恢复的循环重复活动的过程中，合成代谢能力就会积累和增强、收缩结构的改变程度就会逐渐减轻、延迟性酸痛也会逐渐减弱，直到合成代谢的能力和适度提高活动所诱发的分解优势达到平衡时，收缩结构的改变和延迟性酸痛不再出现，才反映收缩结构和功能的增强已经完全适应适度提高的活动。可见"劳逸结合"才能促进恢复，这样的循环重复、"循序渐进"才能逐渐增强体质、增进健康。因此，巩固和提高"区别对待、适度活动、劳逸结合、循序渐进"的体育锻炼活动的成果，还需要"持之以恒"地循环重复活动锻炼。然而，随着年龄的增长，生活、工作、训练、比赛、伤病等各种活动的变化，都会影响人体肌肉活动的能力，适度的劳逸结合的肌肉活动可以使肌原纤维增殖、收缩蛋白合成代谢增强。较长时间降低活动负荷或间断肌肉活动会使骨骼肌出现失用性萎缩，老年人由于肌肉活动减少导致肌原纤维的数量减少，因此，需要及时地通过实地观察肌肉活动能力的变化和相应的医学检查，了解体育锻炼的参与者的工作能力和功能状态、调整骨骼肌活动的安排，保证体质和健康不断地增强、活动能力和运动成绩不断地提高，不会出现较长时间的间断而引起活动能力下降。

人的一生随年龄增长阶段，在日常生活和学习、工作中的肌肉活动的动作结构和活动强度都比较简单、局限，需要通过体育锻增强体质、增进健康。虽然体育活动的每个运动项目的动作结构、活动强度和持续时间各有特点和局限，但体育锻炼的项目丰富、动作结构多种多样、活动强度有大有小、活动时间可长可短，人们可以根据自身的健康情况和承受能力选择适当的主要项目和辅助的锻炼内容，"区别对待、适度活动、劳逸结合、循序渐进、持之以恒的体育锻炼"弥补生活和劳动活动的局限和不足，增强体质、增进健康。因此，应该让这样的体育锻炼成为人在日常生活中必不可少的组成部分。

当前，竞技体育发展迅速，为了国家荣誉，在体育比赛中努力争取最好的运动成绩是我们应尽的义务，"更快、更高、更强"的激励培养着运动员永不放弃、排除困难、积极进取的顽强精神和高尚的运动道德作风。但是，由于对体育锻炼规律的认识不足，以及体育产业化发展的影响，更多经济利益驱动、频繁的比赛、繁重的训练，使不少参与竞技体育活动的人，在提高专项工作能力和运动成绩的同时也受到伤病缠身的困扰。这种现实甚至使人们认为"竞技体育是必然会损害健康的"！

导致参与竞技体育损害健康的原因主要有两个方面：首先是竞技体育的目的和竞赛制度，使运动员由于频繁的比赛和繁重的训练而承受过度的肌肉活动；另一方面，人们关于体育锻炼对人体影响的规律认识不足和训练安排不当，同样是重要原因。

随着我国竞技体育运动水平的提高，出现了"人的潜在力能是无限的，问题在于如何挖掘人的潜力""没有数量的积累就不会有质量的提高"的观点，因而在训练中着重数量的积累、增加练习的次数和时间，而忽视了在重复练习过程中必须注意提高质量和过度负荷对人体的负面影响，甚至认为"没有疲劳就没有训练"，或者"我们的训练就是不允许恢复的训练"，而忽视了劳逸结合。在评价训练活动后身体各种机能恢复的生理、生化指标时，仅仅测定脉搏、血压、血液、尿液等的变化，却忽视了骨骼肌的功能和工作能力是否恢复，甚至我们最优秀的运动员伤病缠身也并不怀疑"我们的训练是不允许恢复的训练"的合理性。当运动员带着伤病坚持比赛和训练的时候，我们会赞扬运动员顽强拼搏的精神，却忽视了对运动员伤病和健康的影响，忽视了必要的休息和恢复、对运动员的健康检查和医务监督，致使伤病的问题得不到解决，伤病加重。如果对上述的各种训练"理念"不进行反思和重新评价，不仅让从事竞技体育的运动员无法摆脱损害健康的后果，同样会影响到一般参加体育锻炼的人。

目前，虽然肌肉劳损在体育锻炼、学习工作和日常生活中都是多发常见的，但至今仍然没有引起人类社会的重视！具体表现在：体育、医学及各类各级学校都没有开设和肌肉劳损有关的专门课程；没有医院设有治疗肌肉劳损的专门科室；在研究院所很少有关于骨骼肌劳损防治的系统研究和交流。因此，在肌肉劳损的病因、发病机制、诊断、治疗和预防等方面都存在许多不同的理解和误区。

也许主要是因为肌肉劳损是长期慢性积累逐渐形成的，一般不会迅速严重地危及生命，而使人们对它的危害认识不足。在 20 世纪就已有不少为国家建设和人民生活辛勤忘我工作的好干部、中年知识分子、运动员和艺术家"英年早逝"或"英年早退"！因此，过度劳累是一个会给人才和经济带来巨大损失的重大问题，必须得到充分的重视，列入进行深入研究和亟待解决的问题。

竞技体育和群众体育的目的虽然存在着显著的区别，但两者同样需要根据人体骨骼肌活动的规律、参与者的实际情况，来选择适当的锻炼内容和适度的活动负荷，以避免过度劳累带来的负面影响。因此，不是"竞技体育必然会损害健康"，如果在竞技体育的训练实践中同样做到"区别对待、适度活动、劳逸结合、循序渐进、持之以恒"，就有可能"在保证健康的基础上增强体质、增进健康、提高工作能力、提高运动能力"，就有可能让有最高运动成绩的运动员同时具有最好的健康水平！

使适度的体育锻炼成为每一个人生活所必需的组成部分，让有最高运动成绩的运动员同时具有最好的健康水平，需要保证从幼儿到青年的身体茁壮成长；使经常从事体育锻炼的成年人身体健壮、精力充沛地投入工作；通过适度的体育锻炼让我们的老年人老当益壮、生活自理、精神矍铄地把他们多年积累的知识、技能和经验传给后人，使晚年能够幸福快乐地度过，又尽可能减轻亲人和社会的负担！这需要全社会各方面配合、经过多年长期坚持的协同努力工作才可能实现！

在近四十年的推广肌肉劳损治疗的过程中，我们逐渐认识到：防止过度劳累和预防肌肉劳损比治疗更重要。从事任何体育锻炼都应该"明确目的、坚持不懈、实事求是、劳逸结合"，也就是在从事任何体育锻炼的时候都应该明确以增强体质、增进健康为主要目的，坚持不懈地贯彻在其他各个方面，并实事求是地根据个体的承受能力、从事锻炼内容的特点、负荷后的恢复情况，充分注意劳逸结合，以求达到在保证健康的前提下完成各项任务。

体育锻炼虽然能弥补生活和工作肌肉活动的不足，但我们必须努力发挥体育锻炼增强体质、增进健康的良好作用，防止"过度"肌肉活动的负面影响。因此，应该大力加强"如何才能做到活动适度以避免过度的肌肉活动对身体健康影响"的研究工作。这需要大力加强对体育锻炼的研究和普及工作，了解各种体育锻炼手段和锻炼方法，包括：锻炼活动的场地器材、环境条件、动作的结构、工作性质、工作强度、重复次数和组数、间歇等各种因素对不同年龄、性别、身体情况、承受能力的个体机能影响的特殊性；对各种训练"理念"和训练经验进行研讨、反思以提高认识和正确评价；改善活动条件；改进竞赛组织工作，提高领导和裁判水平；改进训练的内容和方法，研究各种有效促进恢复的方法等。围绕着"对不同年龄和不同身体情况的人怎样通过体育活动增强体质、提高活动能力，怎样安排活动才能做到保证身体机能的恢复和提高"进行研究，并通过普及、推广、宣传、培训，使广大的教师、体育工作者和参与锻炼活动的人都能够根据自己的具体情况区别对待，选择适当的体育锻炼内容、适度活动，并根据活动后的身体反应及时调整，劳逸结合、循序渐进、持之以恒，不断地总结经验，就会在增强体质、增进健康的基础上，在提高工作能力的道路上越走越好！为此，我们需要组织、培养、建立有关的科研人员团队，进行相关的研究工作，加强宣传普及研究成果，使"区别对待、适度活动、劳逸结合、循序渐进、持之以恒"的体育锻炼既能促进儿童少年身体发育成长、增强中老年人的体质和健康、延年益寿，又可以促进专项运动能力的提高！如果在体育锻炼的活动中能够做到这些，竞技体育是不是就可以"在保证增强体质、增进健康的基础上，提高工作能力和运动成绩"，做到"在普及基础上提高、在提高指导下普及"！为实现这样的目标，亟需全社会的关注和推动，还需要尽快地创造条件，在运动医学研究机构、国家或地方的职业病研究机构、医学院校和体育院校、师范院校等各类各级学校，加强关于幼儿、儿童、少年、青年、成年到老年身体结构、功能的发育、成长－衰老规律的研究，加强对不同年龄、从事不同职业的工作、不同身体情况的人群需要怎样进行体育锻炼的研究，以及肌肉劳损的病因和防治、过度劳累影响人体健康的相关的研究，加强各种研究成果的交流、研讨。

争取尽早在医学院校、体育院校、师范院校和职业院校以至各类各级学校，开设有关怎样进行体育锻炼和如何预防肌肉劳损的专题课程。

从幼儿教育到成年人教育的所有老师，特别是体育老师、教练员、运动员、健康教练和从事体育的工作人员，应提高他们对怎样进行体育锻炼才能增强体质、增进健康、提高肌肉工作能力、提高运动水平和如何预防运动损伤的规律的认识。要认识人体骨骼肌劳损的治疗和预防的规律就会涉及骨骼肌正常的结构和功能，它是怎样从正常的生理过程过渡到病理改变的，要如何准确地认识病因，以及目前治疗和预防的现状。牵涉到与人体骨骼肌的大体解剖结构、细胞、组织微观结构有关的，组织学、运动生物化学、运动生物力学知识，以及骨骼肌和人体各器官系统之间相互的功能联系，等等许多学科的发展和综合研究成果……

加强对各级各类学校学生身体健康的检查及参加体育锻炼的医务监督工作。

在临床医院开设肌肉劳损的专科门诊，积累病例、总结经验，不断探索和推广治疗骨骼肌劳损的有效治疗方法。

通过各种方式，广泛地进行适度地体育锻炼以增强体质、增进健康和预防肌肉劳损的研究和科普宣传工作，使我国在经济发展、人民生活水平提高的同时，民众都能逐渐了解如何选择并适度地进行体育锻炼，健康幸福地生活和工作！

解决上述问题涉及的范围很广，需要的时间很长，需要我们在关注经济发展的同时发挥体育在增强人民体质、增进人民健康方面的作用；需要体育、医疗、教育、劳动等相关部门的协同工作和多年的努力，培养出一大批胜任上述各项任务的专门人才，在经济、文化教育和医疗保健等各项事业发展的同时，建立和发展保证增强人民体质、增进人民健康的综合工程，才能使我们国家各项事业的持续发展得到保证。殷切地期待着这些工作能够得到有关部门各级领导和全社会的关注、支持和推动！

综合上述研讨：过度地重复超过习惯负荷的肌肉活动，在日常生活、学习工作和体育锻炼的肌肉活动中，骨骼肌劳损都是多发常见的，认识人体肌肉活动的规律迫在眉睫！期待着能够尽快得到医学界、教育界、体育界和全社会的关注和推动、研究解决！

第七章

我的感悟和期待

一、我的感悟

（一）感谢 [1]

我们的工作得到了国家自然科学基金、国家教委博士点基金和国家体委资助；我的针灸启蒙老师是北京医科大学附属人民医院针灸科赵继祖医师；我们关于骨骼肌收缩蛋白的免疫电镜研究工作经过蔡良琬老师推荐，是在曹天钦老师的指导、北京和上海二十多家单位的前辈、同行的指导、扶持、帮助以及我校有关单位的领导和师生共同努力工作下，通过对骨骼肌超微结构的观察，使我们对骨骼肌劳损的病因、机制、治疗、预防和人体骨骼肌活动规律逐渐有了一些初步的理解和认识。没有前辈老师和同志的正确指导、各有关方面的支持帮助和大家的共同努力，我们可能至今还在迷茫之中！这些单位和同志包括：

北平未名篮球队：范政涛。

上海正泰橡胶厂和回力篮球队：吴成章。

中国科学院上海生物化学研究所：沈若谦。

北京大学生物系生物化学教研室：李德昌、曾耀辉、徐浩大；生物系物理化学教研室：朱丽霞、傅宏兰。

中国医学科学院基础医学研究所：蔡良婉、沈翔绯、龚伊红、应启龙；中国医学科学院药物研究所：雷海鹏、程桂芳、林茂。

国家体委、自然基金委员会。

1　编者注：涉及单位保留当时名称。

北京农业大学植物生化研究室：阎隆飞、刘国芹、龙国洪、唐晓晶；动物生理教研室：邓泽沛。

北京医学院免疫学教研室的老师们；生物物理教研室：樊景禹。

中国人民解放军军事科学院基础医学研究所：陈德蕙、张贺秋、王国华。

三〇四医院病理室：兰复生、杨建发、李玲、张桂香。

北京海淀医院外科：杨章钧。

中国中医研究院基础所电镜室：傅湘琦、唐党生、侯院铭；针灸研究所：朱丽霞。

中日友好医院基础医学研究所：赵天德、余郁。

中国兽药监察所：丘惠琛。

中国科学院动物研究所电镜室：卢宝莲；生物物理研究所：郭尧君；发育所：沈寿昆。

中国计划生育研究所生理研究所：吴燕婉、刘羽飞、袁冬。

北京林学院显微技术中心：李天庆。

上海铁道医学院微生物教研室：卢玉韵。

上海医学化验所：郭春祥。

第二军医大学上海长征医院：杨宗岳。

上海生物制品研究所：王益寿。

上海华东师范大学生物系生化教研室：范培昌。

国学家南怀瑾。

姑苏针灸器材苏州有限公司：李维弘。

北京体育大学运动解剖教研室：缪进昌；生物化学教研室：冯炜权、宋成忠、翟士岭、戴舜华、程凯旋、李颖；运动生理教研室：韩世真、刘桂华及教研室的老师和同学们。

没有各位老师和同志的大力支持和热情帮助，我们的工作就不可能得到现有的初步成果。对大家的支持和帮助，我们铭记在心、永志不忘！因为没有前辈的正确指导、各有关方面的支持帮助和大家的共同努力，我们可能至今还在迷茫之中！可惜的是，我在工作过程中没有意识到后继工作的发展和团队建设问题！

（二）学习

除了要学习和专题有关的基础知识之外，还需要学哲学，学实践论、矛盾论和外语。在实际生活中发现问题，实事求是地把学习、思考结合起来，广议集思、推敲比较，才有可能逐渐明辨是非直曲；不仅需要实事求是地学习和思考，还需要反复地把认识和实践结合起来，在认识客观事物规律的道路上逐步深入；此外，是否还应该学些外语才能在博采古今中外之长的继承的基础上会有更好的发展，推陈出新？人生苦短，人类对于客观规律的认识如果没有继承前辈认知成果作为基础怎么可能提高、发展，推陈出新？所以，从认识人体肌肉活动规律的角度来看：我们需要实事求是地把学习和思考结合起来，学习、继承古今中外对这一领域的有关成果，广议、集思，推敲、比较，明辨是非直曲；用新的、更符合客观规律的认识指导进一步的实践，把新的认识和实际的生活工作、体育锻炼结合起来，循环往复、高瞻远瞩、趋利避害、正误兼益；博采古今中外之长，推陈出新，促进人们对人体活动能力向着增强体质、增进健康、延年益寿的方向发展！我把上述的认识归纳起来写成两副对联和一首"诗"：

我在上海圣约翰大学医学院学习时，我们的校训是"学而不思则罔，思而不学则殆"，源自《论语·为政》。那么，这两句话是不是可以理解为：只学习而不思考就会无所得，只思考而不学习就会停滞不前。但无论是学习、思考都必须"实事求是"；我把上述的认识归纳成两副对联：

第一副对联：

上联：学而不思则罔
下联：思而不学则殆
横批：实事求是

理论科学是从哪里来的呢？就是从应用科学来的，然后指导应用科学。就是理论从实践来，也指导实践，单是理论不存在，理论都是从实践中来的。实践—理论—实践，不是理论—实践—理论。

学习了《实践论》和《矛盾论》以后，当我看到上面这一段话的时候，我联想到，是不是可以认为：只有在继承前辈认知的基础上实事求是地学习和思考、实践和认识，才有可能逐步提高认识客观规律的程度，符合客观规律的认识才是科学的认识。

第二副对联：

上联：学习思考再学习再思考实事求是推敲比较广议集思追根寻源明辨是非直曲

下联：实践认识再实践再认识集正析误古今中外众长博采博学多能实现推陈出新

横批：继承发展

把以上的认识综合起来写成一首"诗"：

实事求是明规律，
学习思考辨是非。
实践认识陈新易，
继承发展为人民。

二、期待

首先，期待肌肉劳损问题能够受到各级领导及医学界、教育界、体育界乃至全社会的关注。

在医学院校、体育、师范以及其他有条件的各类院校开设人体肌肉劳损的研究课程；讲授通过坚持适度的体育锻炼增强体质，在保证健康的基础上提高工作能力以及骨骼肌劳损的诊断、治疗和预防的专题课程；如果可能还希望在各级学校生理卫生课增加有关常识。

开展相关基础理论和应用的研究工作：在运动医学研究机构、国家或地方的职业病研究机构、医学院校和体育院校以及相关的研究机构，开展关于肌肉劳损的病因和防治的研究工作。

积极创造条件建立肌肉劳损的预防和治疗机构；开展各年龄段人群适度体育锻炼增强体质、增进健康的研究工作；鼓励医学院校和体育院校的学生以及健身俱乐部的教练、各级学校的体育教师积极参与相关研究工作及学术交流活动。

通过各种方式，广泛地进行如何进行适度体育锻炼以增强体质、增进健康和预防骨骼肌劳损的研究和科普宣传工作，使我国在经济发展、生活水平提高的同时，人民都能逐渐了解如何选择并适度地进行体育锻炼，健康幸福地生活和工作！

推广应用"阿是穴斜刺"和其他治疗肌肉劳损的有效疗法，帮助广大因骨骼肌劳损导致运动障碍的患者解除病痛、恢复健康。

在临床医院开设肌肉损伤专科门诊。

最后，期待着能够博采古今中外众家之长，继承和发展我国和世界各国传统医学、现代医学和体育科学的研究成果，更好地为我国和全世界人民的体育和保健事业服务！

附：骨骼肌相关基础研究著者团队论文

关于骨骼肌 M 蛋白、α - 辅肌动蛋白（α -actinin）和肌球蛋白的提取、纯化和相应抗血清制备以及有关骨骼肌免疫电镜观察方法等工作，我们已发表的论文有：

1. 屈竹青，卢鼎厚. 人骨骼肌 M 蛋白的提取与纯化 [J]. 生物化学杂志，1994（2）：135-139.

2. 屈竹青，卢鼎厚. 骨骼肌 M 蛋白抗血清的制备及正常人骨骼肌 M 蛋白的免疫电镜定位 [J]. 生物化学杂志，1994（2）：140-145.

3. 李晓楠，卢鼎厚. 人骨骼肌 α - 辅肌动蛋白（α -actinin）的提取及其抗血清的制备和鉴定 [J]. 生物化学杂志，1994（1）：45-49.

4. 樊景禹，卢鼎厚，唐晓晶，等. 定位鸡骨骼肌肌球蛋白的免疫电镜方法——低温包埋与蛋白 A- 胶体金技术 [J]. 电子显微学报，1988（1）：12-18.

5. 樊景禹，卢鼎厚，唐晓晶，等. 人骨骼肌肌球蛋白免疫电镜定位 [J]. 中华物理医学杂志，1988（1）：57-62.

主要参考文献

1. 段昌平，卢鼎厚，傅湘琦，等. 针刺和静力牵张对延迟性酸痛过程中骨骼肌超微结构的影响 [J]. 北京体育学院学报，1984（4）：18-19.

2. 张培苏，郭庆芳，吕丹云. 被动收缩所致家兔肌肉早期僵硬及其超微结构的变化 [J]. 中国运动医学杂志，1988，7（1）：1-9.

3. 张建国，樊景禹，卢鼎厚. 针刺（直刺、斜刺）对大负荷斜蹲后骨骼肌超微结构变化的影响 [J]. 体育科学，1988，8（1）：61-64.

4. 卢鼎厚，张志廉. 斜刺对骨骼肌损伤的治疗作用 [J]. 中国针灸，1989，9（6）：1-4.

5. 卢鼎厚，樊景禹，屈竹青，等. 针刺和静力牵张对大负荷运动后骨骼肌收缩结构变化影响的免疫电镜研究 [J]. 体育科学，1992（6）：47-51.

6. 屈竹青，樊景禹，卢鼎厚. 针刺和静力牵张对大负荷运动后骨骼肌 M 线变化影响的免疫电镜研究 [J]. 体育科学，1992（6）：51-59.

7. 李晓楠，樊景禹，卢鼎厚. 针刺和静力牵张对大负荷运动后人骨骼肌 Z 带变化影响的免疫电镜研究 [J]. 体育科学，1992（6）：60-66.

8. 卢鼎厚，樊景禹，屈竹青，等. 针刺和静力牵张对大负荷运动后骨骼肌粗丝结构变化影响的免疫电镜研究 [J]. 体育科学，1993（1）：46-48.

9. 终生难忘的两次谈话 [C]// 燕大校友通讯·第十六期. 1993，（11）：28-29.

10. 屈竹青，卢鼎厚. 针刺对延迟性肌肉结构损伤过程中肌浆网、肌膜 Ca，Mg-ATP 酶及肌膜 Na，K-ATP 酶活性的影响 [J]. 北京体育大学学报，1994（1）：33-38.

11. 林丽雅，卢鼎厚. 运动终板阻断后针刺对力竭的蟾蜍腓肠肌收缩能力恢复的促进作用 [J]. 广州体育学院学报，1993（4）：16-21.

12. 屈竹青，卢鼎厚，王义润. 针刺对力竭肌、延迟性结构变化肌的促恢复作用及机制探讨——肌肉力量与超微结构观察 [J]. 北京体育学院学报，1993，16（2）：35-44.

13. 田野，王义润，杨锡让，等. 运动性骨骼肌结构、机能变化的机制研究 -Ⅱ.

力竭运动对线粒体钙代谢水平的影响 [J]. 中国运动医学杂志，1993（1）：31-33.

14. 张妍，卢鼎厚. 髌骨软化症患者股内肌机能状况与髌骨位置对髌骨疼痛的影响——兼论点揉血海穴对缓解髌骨疼痛的作用 [J]. 北京体育大学学报，1997，20（3）14-19.

15. 王德刚，石丽君. 钢针和竹针针刺对长时间电刺激诱发的骨骼肌细胞膜电位变化的作用 [J]. 北京体育大学学报，2012，35（7）：45-48.

16. 卢鼎厚. 骨骼肌损伤的病因和治疗 [M]. 北京：北京体育学院出版社，1993.

17. 曲绵域，于长隆. 实用运动医学 [M]. 北京：北京科学技术出版社，1996：656，722.

18. 曲绵域，于长隆. 实用运动医学 [M]. 4 版. 北京：北京大学医学出版社，2003：491-496，587.

19. 王煜. 运动软组织损伤学 [M]. 成都：四川科学技术出版社，2012.

20. 朱增祥. 错位筋缩浅谈 [M]. 北京：团结出版社，2006.

21. 胥荣东. 筋柔百病消 [M]. 北京：人民卫生出版社，2016.

22. （美）威尔莫尔，（美）科斯蒂尔，（美）凯尼. 运动生理学 [M]. 王瑞元，王军，译. 北京：北京体育大学出版社，2011.

55检